蔬菜种苗
质量识别评价
一本通

赵立群 等◎编著

中国农业出版社
北京

本书编著者名单

主　　编　赵立群　北京市农业技术推广站
副　主　编　徐秀兰　北京市农林科学院
　　　　　　郭仰东　中国农业大学
　　　　　　田雅楠　北京市农业技术推广站
　　　　　　曹彩红　北京市农业技术推广站
其他编著者（姓氏笔画为序）
　　　　　　刘　洋　大兴区农产品产销与蔬菜产业服务站
　　　　　　李　婷　北京市农业技术推广站
　　　　　　李　蔚　北京市农业技术推广站
　　　　　　邱艳红　北京市农林科学院
　　　　　　张　建　北京市农林科学院
　　　　　　张　娜　中国农业大学
　　　　　　张小利　北京市植物保护站
　　　　　　张晓飞　北京市农林科学院
　　　　　　钱　井　北京市农业技术推广站
　　　　　　满　杰　北京市农业技术推广站

前　言

　　我国蔬菜生产和消费均居世界首位，蔬菜种植面积稳定在 3亿亩以上，总产量 7 亿 t 以上。自 2008 年集约化育苗成为国内农业主管部门主推技术以来，蔬菜集约化育苗产业蓬勃发展，常年生产的蔬菜约 2/3 均采用育苗移栽，年移栽需苗量 6 000 亿～7 300 亿株。采用草炭、蛭石、珍珠岩、椰糠等混配成的轻量基质，在穴盘内集约化批量生产商品苗，是我国目前蔬菜育苗的主要形式。据各省份不完全统计，目前我国建有各类集约化育苗场3 000 余个，包括各类种苗公司、育苗专业合作社等。全国年生产蔬菜商品苗约 3 500 亿株，其中实生苗约 3 000 亿株，茄果类、瓜类蔬菜嫁接苗约 500 亿株。山东、河北、云南等省是我国的主要蔬菜育苗省份，年生产蔬菜种苗数 10 亿株以上，茄果类、瓜类、甘蓝类蔬菜为最主要的育苗作物，北京等地区的叶菜类蔬菜育苗近些年也有较大发展。集约化育苗的作物品种主要包括番茄、辣椒、茄子、黄瓜、西瓜、甜瓜、西葫芦、甘蓝、花椰菜、青花菜、芹菜、叶用莴苣（生菜）等。

　　对于穴盘成品苗质量的评价，业内生产者和用苗户之间普遍采用描述性标准（如株高、茎粗、生理苗龄等）作为交货约定，农业主管部门在 2010 年前后陆续出台的一系列穴盘育苗标准中，也主要采用了上述方法，采用目测法对蔬菜成苗形态（株高、茎粗、叶色、生理苗龄、盘根情况等），病虫害和机械损伤等指标进行规定，作为成苗或壮苗质量的判定标准。在实际生产中，用苗户若因购买的种苗不佳影响生产甚至造成损失，则往往不仅因为幼苗本身的品质，还会因种苗品种真实性、品种纯度、壮苗比例、种苗带病等问题与育苗场发生纠纷。编者从生产实际出发，建议种苗质量可采取更为全面的评价方式，以品种真实性和纯度评价为基石，在经验性描述标准的基础上，结合种苗质量的量化评价指标和带病检测结果，综合评价种苗质量，建立种苗监测、监管机制，保障菜农的经济效益和育苗企业的信誉，促进育苗产业和蔬菜产业的优质、安全、高质量发展。

需要特别说明的是，本书所用农药、化肥施用浓度和使用量，会因蔬菜种类和品种、生长时期以及产地生态环境条件的差异而有一定的变化，故仅供读者参考。建议读者在实际应用前，仔细参阅所购产品的使用说明书，或咨询当地农业技术服务部门，做到科学合理用药用肥。

本书根据编者们多年的工作经验和科研专长，总结介绍了目前科研检测和生产实践中对蔬菜种苗质量的评价情况。全书共分为四章：第一章介绍蔬菜幼苗基本形态及发育特点，是辅助读者认知和评价种苗的基本知识概要；第二章介绍蔬菜种苗品种真实性和纯度，并进行定义解读、鉴定和评价；第三章介绍目前常用的蔬菜种苗量化评价指标及种苗评价相关的行业标准和地方标准；第四章为蔬菜种（苗）传病害的防治与检测技术。希望本书能为广大种苗生产者和使用者评价优质壮苗提供有益参考。由于编者水平有限，书中难免有不足之处，恳请广大读者批评指正。

编　者
2022 年 5 月

目　录

第一章 蔬菜幼苗基本形态及发育特点

第一节 茄果类蔬菜

一、番茄

番茄（*Solanum lycopersicum* L.）别名西红柿、洋柿子、番柿，野生类型为多年生草本植物，栽培类型为一年生植物。番茄除用作鲜食和烹饪多种菜肴外，还可加工制成酱、汁、沙司及果脯、果干等产品。番茄含有丰富的维生素和矿质元素，番茄红素是目前自然界中被发现的最强的抗氧化剂之一，能保护细胞 DNA 免受自由基的损害，防止细胞病变、突变、癌变，还能预防心血管疾病和增强人体免疫系统功能。

番茄起源于南美洲安第斯山脉的秘鲁、厄瓜多尔一带，驯化地是墨西哥和中美地区，16 世纪作为观赏植物传入欧洲，17 世纪逐渐为人们食用。明朝王象晋在《二如亭群芳谱》（1621）中已有关于番茄的记载，说明当时番茄已传入我国，且也是作为观赏植物。直到 20 世纪初才开始作为蔬菜栽培，20 世纪 50 年代初迅速发展，成为主要果菜之一，在全国露地和设施均有广泛栽培，也是我国目前集约化育苗数量最大的蔬菜作物之一。

（1）种子。 番茄种子扁平、小，呈肾形，表面有灰色茸毛，千粒重 2.7～3.3g，生产上使用年限一般为 2～3 年。很多种子公司会对商品种子进行包衣处理，以促进种子萌发或提高幼苗抗性。

种子成熟比果实早，一般情况下，开花授粉 35d 左右的种子开始具有发芽力，但胚的发育在授粉后 40d 左右完成，种子完全成熟是在授粉后 50～60d。番茄种子在果实中被胶质包围，因番茄果汁中存在发芽抑制物质及果汁渗透压，因此，种子在果实内不发芽。

（2）发芽期。 从种子萌发到第一片真叶出现（露心）为番茄的发芽期，在适宜的环境条件下，一般需 7～9d。种子发芽与出苗，主要取决于温度、湿度、通气状况及覆土厚度等。种子吸水需 7～8h 才能接近饱和状态，发芽适温为 25～30℃，最低 12℃。

种子从发芽到子叶展平，属于异养生长过程，利用种子本身的养分提供生长所需。由于番茄种子小，内含养分很快被幼芽利用，幼苗转向自养后需要无机养分和适量水分，以保障幼苗子叶的肥大和生长发育。

（3）幼苗期（彩图 1-1）。从露心至 2～3 片真叶展开，未开始花芽分化前，为基本营养生长阶段。2～3 片真叶展开后，花芽分化开始，营养生长与花芽发育同时进行。

花芽分化开始后每隔 15d 左右就可以再分化 1 穗花芽，一般具有 7～8 片叶的番茄幼苗，第一、二花穗的花芽已经完全分化完成，第三花穗也已具有 2～3 个花芽，第四花穗已开始分化。因此，幼苗生长的情况对番茄以后的生长十分重要，幼苗期决定花穗节位高低及花芽数量、肥壮程度和将来果实的质量。

从地上部形态来看，幼苗期平均 4～5d 生长 1 片真叶，前期 6～7d 长出 1 片真叶，后期 3～4d 长出 1 片真叶。番茄叶片呈羽状深裂或全裂，每片叶有小裂片 5～9 片，一般第一、二片叶裂片小，数量也少，随着叶位上升裂片数增多。从地下部形态来看，种子发芽后，主根垂直向地下伸长。随着主根不断伸长，逐渐分化出第二、三、四级侧根等，有的还从胚轴基部发出不定根，最终构成以主根为中心的番茄根系。

幼苗期生长适温为白天 20～25℃、夜间 10～15℃，其对温度适应性较强，在早春栽培前可对幼苗进行低温炼苗，使幼苗忍受 10℃以下的温度一段时间，以增强幼苗抗逆性。

二、辣（甜）椒

辣椒（*Capsicum annuum* L.）别名番椒、海椒、秦椒、辣茄，

一年生或多年生草本植物。辣椒除作鲜食外，还可加工成干椒、辣酱、辣椒油、辣椒粉等产品。辣椒果实中含有丰富的蛋白质、糖类、有机酸、维生素及钙、磷、铁等矿物质，其中维生素含量极高，每100g 青辣椒含维生素 C 100mg 以上，红熟辣椒更是高达 342mg。干辣椒则富含维生素 A，还含有丰富的辣椒素，能增进人的食欲，帮助消化。

辣椒起源于中南美洲的墨西哥、秘鲁等热带地区，15 世纪末传入欧洲，16 世纪末传入日本，17 世纪传入东南亚各国，明代年间传入我国，关于辣椒的最早记载始于明代高濂撰写的《遵生八笺》(1591)。甜椒由中南美洲原产的辣椒变种，在北美经长期栽培和选择演化而来，传入欧洲的时间比辣椒晚，后传入俄国，近代传入我国。辣（甜）椒在我国各地普遍栽培，类型、品种较多，不同季节露地、设施均有生产，是重要的集约化育苗作物之一。

(1) 种子。辣（甜）椒种子短肾形、扁平，表面微皱，淡黄色，稍有光泽，千粒重 4.5～7.0g，发芽力一般可以保持 2～3 年。很多种子公司会对彩色甜椒等辣椒商品种子进行包衣处理，以促进种子萌发或提高幼苗抗性。

(2) 发芽期。从种子萌发到到子叶展平为辣（甜）椒的发芽期，在适宜的环境条件下，一般需要 7～12d。种子发芽适宜温度 25～30℃，低于 15℃或高于 35℃时种子不易发芽。

种子萌发所需养分主要来自种子内的胚乳，胚根伸出后扎入育苗土（基质）中，胚根伸长不断发生侧根，这时子叶仍然留在种子内，继续从胚乳中吸取养分，发根 2～4d 后，子叶的先端从种子内出现，随着下胚轴伸长，子叶出土，此时在胚芽上已经分化出 2 枚真叶等待发育，种皮因覆土的阻力滞留在育苗土（基质）中。如果播种时覆土过浅，容易使种子"戴帽出土"，也就是未脱落的种皮随同子叶一起出土，这将抑制子叶的正常开张，影响子叶的光合作用。

(3) 幼苗期（彩图 1-2）。子叶展开后，种子内储存的养分已经不能满足幼苗的正常生长，植株逐渐过渡到从土壤、空气中吸取养分和水分并开始独立生活的重要时期。从露心至第三片真叶展开，未开始花芽分化前，为幼苗基本营养生长阶段。真叶展开 3～4 片，开始

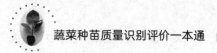

花芽分化，花芽分化约在播后 35d，此时期，幼苗茎高 3～4cm，茎粗 0.15～0.2cm，营养生长与花芽发育同时进行。

辣椒叶片为单叶互生，卵圆形或长卵圆形，无缺刻，叶面光滑。

辣椒主根不很发达，根量少，入土浅，根系的再生能力弱，茎基部不易发生不定根。为此，在育苗移栽时应尽量护根育苗，减少对根系的伤害，创造有利于根系生长发育的条件，促进根系的发达，提高水分、养分的吸收能力，奠定后期丰产的基础。

三、茄子

茄子（*Solanum melongena* L.），又名落苏、酪酥、茄瓜、昆仑瓜等，是以浆果为产品的一年生或多年生草本植物。茄子既可烹饪作多种菜肴，又可加工成酱菜或干制品。每 100g 嫩果含水分 93～94g、碳水化合物 3.1g、蛋白质 2.3g，以及维生素、钙、磷、铁等营养成分，还含有多种生物碱，有降低人体胆固醇、增强肝脏生理功能的功用。

茄子起源于亚洲东南热带地区，古印度为最早驯化地，至今印度及我国海南、云南、广西等地仍有许多茄子的野生种和近缘种。我国栽培茄子历史悠久，类型品种繁多，一般认为我国是茄子的第二起源地。我国最早的相关记载出现于西晋嵇含撰写的植物学著作《南方草木状》，其中提到"华南一带有茄树"。在北魏农学专著《齐民要术》中已写有茄子的栽培、采种和需水量等方面内容；宋代苏颂撰写的《图经本草》记述了当时南北除有紫茄、白茄、水茄外，江南还有藤茄。茄子在全世界都有分布，亚洲栽培最多，我国各地普遍栽培，是集约化育苗的主要作物品种之一，一些野生茄子品种经选育后还被广泛用作茄子嫁接抗病砧木。

(1) 种子。茄子种子较小，呈扁平肾形，种皮有光泽、无毛，具有蜡质层，千粒重 4～5g，种子的寿命一般为 4～5 年，使用年限 2～3 年。

(2) 发芽期。从种子萌动到第一片真叶露心为发芽期，正常温度条件下为 10～13d。种子发芽的速度与种植环境的温度、湿度和光照有关。种子发芽的最适温度为 30℃，低于 25℃ 发芽缓慢，且不整齐，采用变温处理，效果较好。茄子的种子嫌光性较强，在有阳光的情况下发芽速度较慢，在黑暗的环境下发芽快。

茄子土传病害问题发生比较普遍，一般采用抗病砧木嫁接育苗。砧木一般为野生茄子品种，发芽较困难，需较接穗提前播种催芽，并采用化学药剂处理以打破休眠。

(3) 幼苗期（彩图 1-3）。从第一片真叶出现到现蕾为幼苗期，为 50～60d，其中第一片真叶出现至 2～3 片真叶展开即花芽分化前，为基本营养生长阶段。茄子的第一、二片真叶几乎同时展开，之后每隔 5～6d 展开 1 片真叶。2～3 片真叶展开后，花芽分化开始，营养生长与花芽发育同时进行。一般播种后 25～30d 开始花芽分化，通常早熟品种在第三片真叶展开后开始花芽分化，晚熟品种在第四片真叶展开后开始花芽分化，这一阶段幼苗生长量虽然不大，但要积累营养并为花芽分化与发育打好基础。

茄子喜温，不耐寒。出苗至真叶显露时，白天适宜温度 20℃ 左右，夜间温度 15℃ 左右；苗期温度白天以 25～30℃ 为宜，夜间以 18～25℃ 为宜。幼苗期生长量很大，对水分和养分的需求逐渐增加，当幼苗有 5～6 片真叶时便开始现蕾。

第二节　瓜类蔬菜

一、黄瓜

黄瓜（*Cucumis sativus* L.）别名胡瓜、王瓜，为一年生攀缘草本植物。以嫩果供食用，可生食、炒食，还可加工做泡菜、腌渍品、干制品等。每 100g 果实含水分 97g、碳水化合物 1.6～2.47g、蛋白质 0.4～0.8g、钙 10～19mg、磷 16～58mg、铁 0.2～0.3mg、维生素 C 4～16mg。食用黄瓜可清热、利尿、解毒，另外，其含有的丙醇二酸可一定程度抑制糖类转化为脂肪，具有美容、减肥、健美的辅助作用。

黄瓜公认的起源地为喜马拉雅山南麓印度北部至尼泊尔附近山区，我国在云南西双版纳地区也发现了野生黄瓜种。黄瓜从起源地向东，经东南亚传入印度尼西亚，同时进入中国南部，逐步演化形成了华南型黄瓜。公元 2 世纪初，张骞出使西域经丝绸之路将黄瓜引入中国北方地区种植，逐步形成了现在的华北型黄瓜。我国黄瓜栽培始于 2 000 多年前的汉代，至唐代已于冬春季利用温泉水加温进行保护栽培。近年来，我国北方地区设施黄瓜栽培面积较大，已实现了周年均衡供应，黄瓜也是我国集约化育苗最主要的育苗作物之一，在瓜类育苗作物中占比最大。为提高抗逆性、抗病性或脱蜡粉提高品质等，利用黑籽南瓜等作砧木嫁接育苗的方式，在设施黄瓜生产中也被广泛采用。

(1) 种子。黄瓜种子长椭圆形，扁平，黄白色，表面平直或波曲。无明显生理休眠期，发芽年限 4～5 年。每果实可结籽 100～300 粒，着生于侧膜胎座上，种子因品种不同大小有差异，千粒重为22～42g。黄瓜种子生产上使用年限一般为 2～3 年，很多种子公司会对黄瓜商品种子进行包衣处理，以促进种子萌发或提高幼苗抗性。

(2) 发芽期。从种子萌发到第一片真叶出现（露心）为黄瓜的发芽期，在 25～30℃ 的条件下，发芽需 5～8d；气温低于 20℃ 发芽缓慢，高于 35℃ 发芽率降低。

该阶段主要消耗种子本身营养，属于异养生长过程。此期主要进行的是主根扎深、下胚轴伸长及子叶展平。由于种子较小，贮藏营养有限，因此，发芽时间越长苗越弱，本阶段应给予适宜的温度和湿度以促进发芽出苗。

黄瓜幼苗出土后种皮不脱落，发生"戴帽"出土现象，原因主要有播种时覆土过浅，床面湿度不够，种皮干燥，种子成熟度不好，生活力弱等。需在播种前浇足底水，覆土厚度 1.5～2.0cm，播后扣地膜保湿。

(3) 幼苗期（彩图 1-4）。从第一片真叶出现到卷须出现（大约 4 叶 1 心）为止，此期时长受环境条件影响大，在适宜条件下约为 30d，平均 7～8d 生长 1 片真叶。在形态上主要表现为幼苗的叶的形成、主根的伸长及苗端各器官的分化。此期生长缓慢，茎直立，节间短，叶片小，绝对生长量较小，但花芽分化、新叶分化较多，故此期幼苗生长好坏将直接影响黄瓜产量高低。

黄瓜花芽分化较早，于发芽后 10d 左右开始，在第一片真叶展开时，生长点已分化 12 片叶，花芽已分化 7～8 节；当 4 叶展开时，生长点已分化 21 片叶左右，花芽 18 节左右，且前 10 节花芽的性型已经确定。

幼苗期适宜温度白天 25～29℃，夜间 15～30℃，此期根系生长迅速，易致幼苗吸水过多，若再遇苗期高夜温和弱光条件，很容易引起植株地上部徒长，因此，管理上应做到"促""控"结合，采取适当措施促进各器官发育，同时控制地上部生长，防止徒长。

二、西瓜

西瓜 (*Citrullus lanatus* L.) 别名水瓜、寒瓜、月明瓜，为一年生蔓性草本植物，是夏季主要果蔬，以成熟果实供食用，还可做西瓜酒、蜜饯，用于提炼果胶等。每 100g 果肉含水分 86.5～92.0g、总糖 7.3～13.0g，以及丰富的矿物营养和多种维生素，可清热解暑，还对人体高血压、心脏病、肾炎、肝炎等有不同程度的辅助疗效。

西瓜起源于非洲南部的卡拉哈里沙漠，早在五六千年前古埃及就已种植西瓜，进入欧洲后，经陆路从西亚经波斯（伊朗）、帕米尔高原，沿古"丝绸之路"传入我国新疆，由新疆进一步向北方迁移，后又逐步传向内地。目前，我国各地在露地和设施普遍栽培西瓜，西瓜也是常见的集约化育苗作物之一，设施栽培早春茬小型西瓜多采用白籽南瓜或黑籽南瓜作砧木嫁接育苗。

(1) 种子。西瓜种子扁平、宽卵圆形或半菱形，具有喙和眼点，由种皮和胚组成。种皮白色、浅褐色、黑色或棕色，单色或杂色，表面光滑或具裂纹。种子大小差异悬殊，大籽种子每粒 100mg 以上，小籽种子只有 10mg 左右；千粒重平均为 40～80g。生产上用种使用年限一般为 2～3 年。正规种子公司会对商品种子进行干热风处理，部分还会进行包衣处理，起到为种子杀菌消毒的作用。

(2) 发芽期。从种子萌发到第一片真叶出现（露心）为西瓜的发芽期，在气温 25～30℃、土壤温度 15～20℃的环境条件下，一般为 7～13d。发芽最低温度 15℃，最高温度 35℃，适宜温度 28～30℃。

种子发芽与出苗，主要取决于温度、湿度、通气状况及覆土厚度等，在其他条件适宜的情况下，地温高发芽迅速，地温低发芽缓慢。种子从发芽到子叶展平，属于异养生长过程，利用种子本身的养分提供生长所需。此期根系生长明显比地上部快，全株绝对生长量较小，对水肥要求较低。

（3）幼苗期（彩图 1-5）。从露心至团棵（幼苗长出 5～6 片真叶）为幼苗期，适宜条件下为 25～30d。幼苗节间短，呈直立状态。团棵是幼苗期与伸蔓期的临界特征。此期，地上部干重、鲜重及叶面积增长量小，但生长点已分化 20 余片叶，并开始花芽和侧枝分化，团棵时第三雌花的分化已基本结束，影响西瓜产量的雌花都是在幼苗期分化的。

当第一片真叶出现，植株同化机能开始活跃，植株由异养逐步过渡到以独立自养为主的新阶段，西瓜子叶肥大浓绿，通过光合作用制造养分供植株生长。根系生长迅速，且具有旺盛的吸收功能。

西瓜子叶椭圆形对生。第一片真叶小，近矩形，裂刻不明显，随着叶位上升裂刻较深，表现出品种典型特征。此期地上部生长较为缓慢，幼苗期平均 5～6d 生长 1 片真叶，前期 7～8d 长出 1 片真叶，后期 3～4 天长出 1 片真叶。

三、甜瓜

甜瓜（*Cucumis melo* L.）别名香瓜、果瓜、哈密瓜，为一年生攀缘草本植物，可分为厚皮甜瓜和薄皮甜瓜两大生态类型。以成熟果实供食，还可制作瓜脯、瓜汁、瓜酱及腌渍品等。每 100g 果肉含水分 81.5～94g、总糖 4.6～15.8g、维生素 C 29～39.1mg、果酸 54～128mg、果胶 0.8～4.5g、纤维素和半纤维素 2.6～6.7g，以及少量蛋白质、脂肪、矿物质等。甜瓜果肉性寒，具有止渴解暑、除烦热、利尿之功效，对肾病、胃病、贫血病有辅助疗效。

甜瓜起源于非洲中部热带地区，经埃及传入中东、中亚（包括我国新疆）、印度地区。在中亚演化为厚皮甜瓜，形成次级起源中心，其后传入印度，分化为薄皮甜瓜的原始类型，再经越南传入我国华南，变异分化出各种类型的中国（薄皮）甜瓜，形成了薄皮甜瓜次级起源中心。据考证，我国栽培甜瓜的历史已有 3 000 多年，在长期生产实践中培育出了众多优良品种，如新疆哈密瓜、甘肃白兰瓜、山东银瓜等，还发展出著名的甜瓜产区。目前我国各地均有甜瓜栽培，厚皮甜瓜主产区在新疆、甘肃河西走廊及内蒙古河套地区，薄皮甜瓜主要分布在东北、华北及长江中下游地区。近年来，随着高档甜瓜品种及栽培面积增加，甜瓜也成为集约化育苗的重要作物之一，并大多采用嫁接技术提高幼苗抗性。

(1) 种子。甜瓜种子有披针形、长扁圆形、椭圆形、芝麻粒形等多种形态；表面平直或波曲。颜色有橙黄、土黄、黄白、浅褐、紫红等，厚皮甜瓜的种子大多为黄色，薄皮甜瓜的种子多为黄白色，少部分为紫红色。

甜瓜种子大小因品种类型不同差异很大，厚皮甜瓜种子千粒重 $25\sim80g$，薄皮甜瓜种子千粒重 $8\sim25g$。种子寿命 $5\sim6$ 年，生产上使用年限一般为 $2\sim3$ 年，干燥冷凉条件下种子寿命可延长。

当前正规种子公司会对甜瓜商品种子进行干热风处理，部分还会进行包衣处理，起到为种子杀菌消毒的作用。

(2) 发芽期。从种子萌发到第一片真叶出现（露心）为甜瓜的发芽期，在适宜的环境条件下一般为 10d 左右。

种子发芽与出苗，主要取决于温度、湿度、通气状况及覆土厚度等，此外，品种类型不同，适宜环境条件也有差异，如厚皮甜瓜适宜的发芽温度是 $28\sim33℃$，薄皮甜瓜适宜的发芽温度是 $25\sim30℃$，甜瓜种子从发芽到出苗过程的有效积温（$>15℃$）是 $60\sim70℃$，早熟品种发芽至出苗过程快，所需的积温少，时间短。

种子从发芽到子叶展平，属于异养生长过程，利用种子本身的养分提供生长所需，绝对生长量很小，以子叶面积的扩大、下胚轴伸长和根量的增加为主。第一片真叶出现，植株由异养生长逐步过渡到以独立自养为主的新阶段。

(3) 幼苗期（彩图 1-6）。从第一片真叶出现到第五片真叶出现为幼苗期，历时 25d 左右，适宜温度 $20\sim25℃$，$10℃$停止生长，$7.4℃$发生寒害。

这一时期幼苗虽然生长量较小，但却是花芽分化、苗体形成的关键时期，与栽培有关的花、叶、蔓都已分化，苗体结构已具雏形。第一片真叶出现时开始花芽分化，幼苗期结束时茎端约分化 20 叶节。

甜瓜幼苗期叶片较小，呈卵圆状、少裂刻，随着叶位上升叶缘出现浅裂刻，此期以叶的生长为主，茎呈短缩状，植株直立。地上部分生长较为缓慢，幼苗期平均 5～6 d 生长 1 片真叶。

甜瓜幼苗期根系生长迅速，第二片真叶展平时主根深 20cm 左右，侧根扩展 25～30cm，具有旺盛的吸收功能。

四、冬瓜

冬瓜（*Benincasa hispida*）古名白瓜、水芝、枕瓜，为一年生草本蔓性植物。果实供食用，嫩梢也可采用，还可加工成蜜饯冬瓜、冬瓜干、脱水冬瓜和冬瓜汁等。每 100g 果实含水分 95～97g、总糖 1.4～2.4g、维生素 C 8～18mg。盛夏季节食用，清热化痰、除烦止渴、利尿消肿；果皮与种子可入药，具有清凉、滋润、降温解热功效。

冬瓜起源于中国和东印度，广泛分布于亚洲的热带、亚热带及温带地区，中国南北各地普遍栽培。据《齐民要术》记载，我国在 1 500年前就有冬瓜栽培，冬瓜是我国古老的蔬菜之一，并在栽培过程中演化出许多类型、品种和变种。冬瓜适应性强，产量高，耐贮藏，是我国夏秋主要蔬菜之一，栽培时既可直播，也可育苗，在集约化育苗生产中数量占比不高。

（1）种子。 冬瓜种子淡黄色，近椭圆形，扁平，种脐一端稍尖，种子边缘有棱或无棱，有边缘的种子稍轻，千粒重 50～100g。冬瓜鲜种子具有休眠性，休眠期大约 80d。可利用 0.4％硝酸钾或 0.1％赤霉素处理或于 5℃低温条件下处理 7d 打破休眠状态，以硝酸钾处理效果最好。冬瓜种子种皮厚，具有角质层，同时组织较松，不易下沉吸水，因此是蔬菜中最难发芽的种类之一。

冬瓜种子在催芽时，易发生发芽不整齐现象，主要原因有：①种子成熟度或种子充实度不一致；②种子吸水不均匀，种皮吸水速度快，种仁吸水速度慢；③浸种催芽温度不适。

浸种前用水选法除去不充实种子，置于 40～50℃条件下浸泡 3～5h；或先用 70℃热水烫种，10～20s 后加入冷水，使水温降至 30℃

左右，浸泡10～12h。也可采用间歇浸种法，先于30℃水中浸种3h，捞出晾1h左右，使种仁将内外种皮间的水膜吸干，再浸种2～3h，再晾1h，反复3～4次。浸种后于30℃条件下催芽，注意种子层厚度以3～5cm为宜，每天翻动2～3次，经常换水以补充水分和氧气。

(2) 发芽期。 从种子萌动至两片子叶充分展开、第一片真叶显露时为发芽期，适宜条件下为7～15d。在15～35℃范围内，冬瓜种子发芽率随温度升高而提高，发芽适温30℃左右，20℃以下发芽较缓慢。适当浸种后在30～33℃条件下催芽，约36h可陆续发芽。冬瓜种子吸水量为种子重量的150%～180%，发芽温度宜保持30～35℃，有光或无光均可。

(3) 幼苗期（彩图1-7）。从植株的第一片真叶至第六、七片真叶展开，并抽出卷须时为幼苗期，为30～50d。幼苗期节间缩短，直立生长，茎叶生长缓慢，根系生长迅速。至幼苗期结束时，根系的横向伸展已达50～100cm，深达30cm以上，腋芽开始萌动，并开始花芽分化。

幼苗期生长适温20～25℃，15℃生长缓慢，10℃以下易受寒害。冬瓜对温度的要求较高，幼苗的各个阶段适宜温度应保持比黄瓜略高1～2℃为宜，定植前1周开始低温炼苗，使夜温逐渐下降到9～10℃，以适应定植后的露地环境条件。

五、南瓜

南瓜为一年生草本植物，包括中国南瓜、西葫芦、笋瓜、黑籽南瓜和灰籽南瓜5个栽培种。中国南瓜、西葫芦和笋瓜在世界各地广泛栽培，也是世界各地主要蔬菜种类之一。中国南瓜（*Cucurbita moschata*）又称南瓜、倭瓜、饭瓜、番瓜等；西葫芦（*Cucurbita pepo*）又称美洲南瓜、角瓜、北瓜等；笋瓜（*Cucurbita maxima*）又称印度南瓜、米拉瓜、玉瓜、北瓜等。

中国南瓜多食用老熟果，西葫芦和笋瓜则多食用嫩果。每100g中国南瓜鲜果肉中含水分97.1～97.8g、碳水化合物1.3～5.7g、维生素C 15mg、胡萝卜素5～40mg。此外，还有维生素B_1、维生素B_2

和烟酸等多种维生素及铁、钙、镁、锌等多种矿质元素。果实可加工成果脯、饮料；种子可做瓜子，含有丰富的蛋白质和脂肪，含量分别高达 40％和 50％左右，其中不饱和脂肪酸含量高达 45％左右。中国南瓜性甘温，具有消炎止痛、解毒之功效，常食用对治疗胃病、糖尿病、降低血脂等有一定的作用。

中国南瓜起源于中美洲，16 世纪传入欧洲，后传入亚洲，主要分布于中国、印度、日本等亚洲国家，欧美甚少。西葫芦原产于北美洲南部，现分布于世界各地，欧美普遍栽培，我国于 19 世纪中叶开始种植，栽培面积一直较大。黑籽南瓜原产于中美洲高原地区，现多分布于墨西哥中部、中美洲至南美洲等地，在我国则多分布于云南、贵州一带，多作饲料，栽培不普遍；但其根系发达，抗性好，对枯萎病免疫，是黄瓜、西瓜等瓜类常用的嫁接砧木。集约化育苗生产中，西葫芦是常见的育苗作物。

(1) 种子。南瓜种子多为卵形，扁平，种子颜色为乳白、灰白、淡黄、黄褐色或黑色等。种子形状、颜色及有无周缘、种脐处珠柄痕形状等都是种间分类的重要依据。种子大小与种类、类型和品种等有关，千粒重小粒种子 100～130g，大粒种子 160g 以上，种子寿命 5～6 年。

中国南瓜种子周缘薄，色浓，珠柄痕水平或倾斜或圆形，皮色灰白至黄褐色，长度 16～20mm；西葫芦种子周缘平滑，边宽，珠柄痕圆形，皮色淡黄色，长度 10～18mm；黑籽南瓜种子周缘平滑，珠柄痕圆形，皮色黑色，长度 17mm 左右。

(2) 发芽期。中国南瓜（彩图 1-8）和西葫芦（彩图 1-9）的发芽期在适宜条件下一般为 4～5d。发芽期适温为 28～30℃，最高温度为 35℃，最低温度为 13℃，低于 10℃或高于 40℃发芽困难。

西葫芦种粒较大，出苗过程中种皮不易脱落，为防止种子"戴帽"出土，播种后种子上面覆土厚度应为 1.5～2cm。

(3) 幼苗期。中国南瓜和西葫芦的幼苗期在适宜条件下一般为 25～30d。幼苗期适宜温度 23～30℃，给予充足光照可促进光合作用，夜间 13～15℃利于光合产物转运，地温以 18～20℃为宜，有利于提高植株自身素质和促进花芽分化。南瓜花芽分化在幼苗期就已经开始。研究表明，笋瓜在播种后 15d，幼苗第一片真叶展开时，主蔓已分化第十至第十一叶节，其中基部第五、六叶节已分化出花芽。之后主蔓每展开 1 片真叶，便分化 3.6～3.8 个叶芽和花芽。

西葫芦幼茎易伸长，幼苗易徒长，一般白天温度控制在 22～30℃，夜温在 16～20℃较适宜。长出 2 片真叶后开始适当控制水分，防止幼苗徒长，育苗后期或定植前 1 周应加强低温锻炼，在 18～20℃条件下炼苗。

第三节　叶菜类蔬菜

一、叶用莴苣（生菜）

莴苣（*Lactuca sativa* L.）为一年生或二年生草本植物，生菜是叶用莴苣的俗称，又称千金菜、鹅仔菜、唛仔菜、莴仔菜。可生食，脆嫩爽口，略甜，营养价值高，富含蛋白质、纤维、酚类、糖类、黄酮等多种有机物，水分含量高达 90％以上，富含大量维生素 C 和维生素 E。同时，生菜含有少量抗氧化物，能够分解食物中亚硝酸胺等致癌物质。纤维含量较高，常食能稳定血压，消除脂肪，因此，生菜又被称为"减肥蔬菜"。此外，生菜属凉性蔬菜，茎叶中含有莴苣素，有利尿解毒的功效。

莴苣起源于欧洲地中海沿岸和西亚一带，经野生种驯化而来。公元前 2500 年，埃及人开始种植莴苣并发现其种子能够榨取食用油，欧洲最早在 16—17 世纪有莴苣的记载，隋唐时传入我国，又逐渐演化出茎用类型的莴笋。基于其生物学特征，莴苣可分为 6 大类：奶油生菜、结球生菜、散叶生菜、罗马生菜、莴笋和油用莴苣；前 4 种主要食用叶子，故归为叶用莴苣；莴笋主要食用其茎部，由多叶莴苣经叶子变小、茎干加粗演化而来；油用莴苣主要用于榨油，在中国古代著作《肘后备急方》中有记载。经过多年的自然选择和人工培育，如今生菜品种繁多，已成为人们日常生活中最重要的蔬菜之一，全国各地均有种植，实现了周年均衡供应，是北京地区集约化育苗最主要的叶菜作物之一。

（1）种子。生菜种子瘦果细小，扁平锥形，千粒重仅 0.9～

1.1g。种子丸粒化处理最佳倍数为 5 倍，丸粒化后的种子千粒重 5～6g，形状为近圆形。

（2）发芽期。从播种至第一片真叶初现为发芽期，其临界形态特征为"破心"，8～10d。种子发芽的最低温度为 4℃，发芽的适宜温度为 15～20℃，低于 15℃时发芽整齐度较差，高于 25℃时因种皮吸水受阻种子发芽率明显下降，30℃以上发芽受阻。

多数生菜品种的种子有休眠期，采种后播种，即使在适温下也不能发芽，特别是未完熟的种子，休眠性更深。一般采种后经 2 个月，种子完成休眠，发芽良好，但在高温下发芽不良，播前需进行种子低温处理，可在冷水中浸种 5～6h，然后在 16～18℃温度下见光催芽，2～3d 即可出芽。

（3）幼苗期（彩图 1-10）。从"破心"至第一个叶环的叶片全部展开为幼苗期，其临界形态标志为"团棵"，每叶环有 5～8 枚叶片。生菜种植一般采用育苗移栽，苗龄因播种季节不同而差异较大，4—9 月播种，苗龄一般 25～28d，幼苗 3～4 片叶；10 月至翌年 3 月播种，苗龄一般 30～35d，幼苗 4～5 片叶。幼苗生长适温白天 15～20℃，夜间12～15℃。

根据叶的生长形态，生菜可分为结球生菜、皱叶生菜和直立生菜。结球生菜：与结球甘蓝的外形相似，其顶生叶形成叶球，呈圆球形或扁圆球形；皱叶生菜：又被称为散叶生菜，叶片呈长卵圆形，簇生如花朵，叶柄较长，叶缘波状有缺刻；直立生菜：叶片狭长，直立生长，叶全缘或有锯齿，叶片厚。

生菜属浅根系蔬菜，须根发达，土壤栽培时，其主要根群分布在上层，但根系吸收能力弱，需要氧气含量高，因此用复合基质栽培效果明显强于土壤栽培。氮素对生菜幼苗生长和产品形成有极其重要的作用，在整个生育期中不能缺氮。

二、芹菜

芹菜（*Apium graveolens* L.）分为中国芹菜（又名本芹）和西芹（又名洋芹）两种类型，为二年生草本植物。可生食、炒食或腌渍。每100g芹菜约含蛋白质 2.5g、脂肪 0.6g、总糖 3.22g、粗纤维

1.0g、胡萝卜素 4.2mg、维生素 C 47mg、钙 154mg、钾 154mg，此外还含有维生素 B_1、维生素 B_2、烟酸等维生素，以及铁、锌、铜、硒等矿质元素和芹菜油等挥发性芳香物质，芹菜油有促进食欲、降低血压、健脑和清肠利便之功效。

芹菜原产地中海沿岸，野生种从瑞典、阿尔及利亚、埃及到西亚的高加索、喜马拉雅地区都有分布。古希腊、古罗马将芹菜作为药材或香料利用，17 世纪末至 18 世纪，意大利、法国等通过改良使芹菜适于食用。我国引进和利用芹菜较早，一般认为在汉代由高加索传入，唐代典籍《唐会要》中最早出现关于胡芹的记述。现在我国芹菜分布广泛，南北各地均有种植。芹菜适应性广泛，结合设施生产，已实现周年供应。芹菜根系再生能力强，适于育苗移栽，是集约化育苗最主要的育苗作物之一，在叶菜类育苗作物中占比最大。

(1) 种子。种子呈褐色，粒小，椭圆形，表面有纵纹，透水性差。千粒重 0.4g 左右，寿命 4～5 年，使用年限 2～3 年。新种子表皮为土黄色稍带绿，辛香味很浓，陈种子表皮为土黄色，辛香味淡。新种子必须存 1 年后才能使用。芹菜种子有休眠期，发芽慢，收获时不易发芽，高温下发芽更慢，在有光的条件下比在黑暗条件下容易发芽，因此育苗播种时覆土要薄而均匀，覆土过厚造成的黑暗条件不利于芹菜种子萌发，一般播种时覆土厚度 0.5cm 左右。

(2) 发芽期。从种子萌动到子叶展平，至第一片真叶出现时，即为发芽期，在适宜条件下需 10～15d。芹菜种子细小，顶土能力比较弱，因此出苗慢。发芽期最适温度为 15～20℃，4℃开始发芽，高于 25℃则会延迟发芽或降低发芽率，30℃以上几乎不发芽。夏秋季播种时温度高，易造成出苗慢且参差不齐，需在播种前进行低温浸种催芽。

(3) 幼苗期（彩图 1-11）。芹菜子叶展平至 4～5 片真叶展开为幼苗期，20℃条件下为 45～60d。芹菜在幼苗期生长缓慢，这个时期，幼苗弱小，同化能力弱，不良生长环境易引起幼苗死苗，需多加注意管理。

芹菜幼苗期对温度的适应能力较强，能耐 -5～-4℃ 的低温。但芹菜是绿体春化型蔬菜，幼苗必须达到一定大小才能接受低温，在

2～5℃低温条件下，幼苗经过 10～20d 即可完成春化，因此，育苗期一定要注意温度的控制，春播过早，温度过低，易先期抽薹。

第四节　甘蓝类蔬菜

一、结球甘蓝

结球甘蓝（*Brassica oleracea* L. var. *capitata* L.）简称甘蓝，又名包菜、洋白菜、卷心菜、圆白菜、莲花白、大头菜、茴子白等，结球甘蓝为二年生植物，第一年形成叶球，完成营养生长；经过冬季强制休眠后，第二年春、夏季开花结实，完成生育周期。甘蓝球叶质地脆嫩，可炒食、凉拌、腌渍或干制，外叶可作饲料。每 100g 食用部分含水分 94.4g、蛋白质 1.1g、脂肪 0.2g、碳水化合物 3.4g、粗纤维 0.5g、胡萝卜素 0.02g、维生素 C 38～39mg、钙 32mg、磷 24mg、铁 0.3mg、还含有 B 族维生素及其他微量元素。

甘蓝起源于地中海至北海沿岸，由不结球的野生甘蓝演化而来，现在仍有野生变种。约公元 9 世纪，一些不结球的甘蓝类型已成为欧洲广泛栽培的蔬菜。经人工选择改良，13 世纪欧洲开始出现结球甘蓝类型，16—17 世纪传入北美，18 世纪传入日本。甘蓝传入我国有多条途径，一说 17—18 世纪，通过沙俄传入我国。结球甘蓝在世界各地普遍种植，是欧美各国的主要蔬菜，在我国也是主要蔬菜作物之一，因其适应性及抗逆性强，易栽培，可实现周年供应，适宜采用育苗移栽方式生产，是常见的集约化育苗作物之一。

(1) 种子。 成熟甘蓝种子为红褐色或黑褐色，圆球形，无光泽，千粒重 3.3～4.5g。自然条件下，北方干燥地区种子使用年限为 2～3 年。

(2) 发芽期。 从播种到第一对基生叶展开形成"十"字形，即为发芽期。发芽期时长因季节而异，夏、秋季 10～15d，冬、春季 15～20d。种子在 2～3℃时开始发芽，但极为缓慢，地温升高到 8℃以上幼芽才能出土，18～25℃时 2～3d 就能出苗。

(3) 幼苗期（彩图 1-12）。从基生叶展开到第一叶环形成并达到"团棵"（早熟品种 5 片叶、中晚熟品种 8 片叶展平）即为幼苗期，夏、秋季育苗需25～30d，冬、春季育苗需40～60d。

幼苗的耐寒能力随苗龄增加而提高，刚出土的幼苗耐寒力弱，经低温锻炼的幼苗可耐极短期—10～—8℃的严寒；幼苗也能适应25～30℃高温。甘蓝是典型的绿体春化型蔬菜，通过春化时需要一定大小的幼苗和一定时期的低温。一般早熟品种4～6片叶、茎粗0.6cm以上，中/晚熟品种6～8片叶、茎粗0.8cm以上才可接受低温。栽培时注意品种选择和播期，避免在育苗后期或定植初期遭遇低温，使甘蓝提早抽薹现蕾而不形成叶球，出现"先期抽薹"的现象。

二、花椰菜（菜花）

花椰菜（*Brassica oleracea* L. var. *botrytis* L.）又名菜花、花菜，一、二年生草本植物，由甘蓝演化而来。以花球为产品，可炒食、加工制泡菜或干制等。花椰菜富含纤维、蛋白质、维生素、脂肪、碳水化合物及矿物质等，每100g花球含蛋白质2.4g、碳水化合物3～4g、膳食纤维0.88g、脂肪0.4g、维生素C 88mg、胡萝卜素0.08mg，以及B族维生素、维生素E、维生素K等，还含有钙、锌、硒等多种矿质元素。此外，花椰菜具有抗氧化功效和保护机体心血管系统的辅助功效。花椰菜还含有多种吲哚衍生物活性物质及萝卜子素，均具有降低癌症发病概率的辅助功效。同时，花椰菜含水量达90％以上，热量较低，也属于一种减脂蔬菜。

花椰菜起源于地中海至北海沿岸，1490年花椰菜从塞浦路斯等地被引入意大利，15世纪，在法国南部形成了现在栽培的花椰菜。16—18世纪，花椰菜传入欧洲北部，在沿海地区形成了二年生类型，在内陆形成了一年生类型，1822年由英国传至印度，19世纪中叶传入我国南方。花椰菜在我国栽培历史不长，但已成为我国南北各地普遍种植的蔬菜作物，2000—2003年我国花椰菜种植面积已占世界总种植面积37.52％，位居世界第一。花椰菜适宜采用育苗移栽方式生产，是常见的集约化育苗作物之一。

（1）种子。花椰菜种子棕褐色，近圆形，千粒重3.0～3.5g。花椰菜种子在2～3℃下虽能发芽，但非常缓慢，15～18℃时发芽较快，25℃时发芽最快，播后2～3d便可出土萌动。种子可在5～20℃范围内通过春化阶段，以 10～17℃条件和较大的幼苗通过春化时间最快。

（2）发芽期。从种子萌动至子叶展开为发芽期，温度适宜时为 5～7d。花椰菜喜冷凉气候，属半耐寒性蔬菜，其生育适温范围比较窄，耐寒性和抗热能力均比结球甘蓝差。

（3）幼苗期（彩图 1-13）。从真叶显露至第一个叶序发生，即 5～8 片叶展开时，即为幼苗期，夏、秋季约为 30d，冬季约为 80d，早春约为 60d。幼苗能耐 0℃左右的较低温度，生长适温为 20～25℃。

幼苗有 6～8 片叶，10cm 地温稳定在 6～8℃时，即可定植。定植过晚，成熟期推迟，形成花球时正处高温气候，花枝易伸长而使花球松散，品质下降；定植过早，易造成先期显球，影响产量。

三、青花菜（西兰花）

青花菜（*Brassica oleracea* L. var. *italica* P.）又名西兰花、茎椰菜、绿菜花、花菜薹、意大利芥蓝菜等，一、二年生草本植物。食用部分为花茎和绿色花蕾，可炒食、做汤，制作鲜菜和速冻加工产品。每 100g 可食部分含蛋白质 1.9g、脂肪 0.2g、膳食纤维 1.2g、总糖 3.6g、胡萝卜素 10μg、维生素 C 66mg，以及少量维生素 A、B 族维生素和维生素 E 等。青花菜含有丰富的维生素 C，能增强人体肝脏的解毒能力，提高机体免疫力；其富含的高纤维能有效降低肠胃对葡萄糖的吸收，进而降低血糖，有效控制糖尿病的病情，并对高血压、心脏病有辅助调节和预防的功能。另外，其富含的 4-甲基亚磺酰丁基芥子油苷，能产生萝卜硫素，可抑制自由基和致癌物的产生。正是由于其丰富的营养和保健功效，青花菜被誉为高档保健蔬菜。

青花菜由甘蓝演化而来，演化中心为地中海东部沿岸地区，在欧洲各国广为种植，19 世纪末 20 世纪初传入我国台湾地区，20 世纪 80 年代在上海、福建、云南等地区引种成功。青花菜在我国的栽培历史较短，但发展较快，由于其适应性强，近年来在我国的栽培面积和分布地区越来越多，南北各地普遍种植，适宜采用育苗移栽方式生产，也是常见的集约化育苗作物之一。

（1）种子。西兰花种子黄褐色，粒小，近球形略带方，球面双沟，一般种皮具蜡粉。千粒重 3～3.5g，寿命 4～5 年，生产使用年限 1~2 年。

(2) 发芽期。 从播种到子叶展开、第一片真叶露心，即为发芽期，为 7~10d。西兰花从播种至出芽需要 2~3d，时间短但管理要求高，这时期要随时观察西兰花发芽状态，及时进行浇水、遮阳等工作。

西兰花种子发芽适宜温度为 25~30℃。幼苗出土前温度白天保持在 20~25℃，夜间保持在 20℃，幼苗出土后及时放风，白天温度为 18~22℃，夏季高温季节最高气温不能超过 30℃，冬春季夜间床温不低于 10℃，尽可能减少低温影响，防止定植后先期抽薹。

(3) 幼苗期 (彩图 1-14)。从第一片真叶到 5~6 片真叶展开，达到"团棵"时，为幼苗期。在冬、春季育苗，苗期时间长，一般需要 60~90d；而夏、秋季育苗所需时间较短，一般需要 25~30d。子叶转绿至 2 叶 1 心期为西兰花幼苗的基本营养期，幼苗 2 叶 1 心期后进入迅速生长期。

第二章　蔬菜种苗品种真实性和纯度

　　品种真实性鉴定和品种纯度检测是构成种子遗传质量的两个重要指标，是保证品种优良遗传特性得以充分发挥的前提，也是评价种苗质量的重要依据，在农业生产和种子、种苗生产中具有重要的意义。品种真实性鉴定与纯度检测二者相辅相成，如果品种真实性有问题，品种纯度检测就毫无意义；如果品种纯度不合格，真实性鉴定结果可能导致品种误判。

第一节　蔬菜种苗品种真实性

一、定义

　　（1）品种。品种是指经过人工选育或者发现并经过改良，形态特征和生物学特性一致，遗传性状相对稳定的植物群体，通常包括常规品种和杂交品种。常规品种是指遗传性状稳定的种子，只要做好提纯复壮、防杂保纯措施可留种多代利用，后代不表现分离。杂交品种是指利用两个亲本杂交而成的杂种一代种子，在生长势、抗性、产量和品质上比其亲本优越，但种植后结实的种子表现性状分离，不可再留种利用，目前大多数蔬菜作物的品种为一代杂交种。

　　（2）分子标记。DNA 分子标记是指能反映生物个体或种群间基因组中某种差异的特异性 DNA 片段。理想的分子标记应符合以下要求：①具有高的多态性；②共显性遗传，即利用分子标记可鉴别二倍体中杂合和纯合基因型；③基因组均匀分布；④检测手段简单、快速、容易自动化；⑤开发成本和检测成本较低；⑥不同实验室间的检测结果重复性好。

SNP（Single Nucleotide Polymorphisms，单核苷酸多态性），是指在基因组上单个核苷酸的变异，包括置换、颠换、缺失和插入。检测 SNP 变异的试验方法有很多，包括测序、Taqman 探针、酶切位点 CAPS 标记以及 KASP 标记，其中 KASP 是目前常用的 SNP 检测方法。

KASP（Kompetitive Allele Specific PCR）指竞争性等位基因特异性 PCR（Polymerase Chain Reaction，聚合酶链式反应），可针对广泛的基因组 DNA 样品，包括复杂基因组 DNA 样品，对 SNP 和 Indel（Insertion-deletion，插入或缺失）进行精准双等位基因分型（图 2-1）。

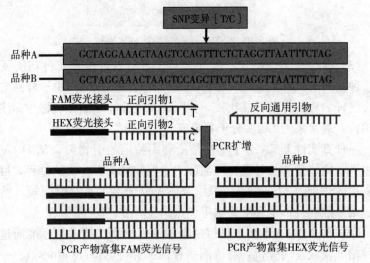

图 2-1　KASP 检测技术原理

SSR（Simple Sequence Repeats，简单序列重复），也称为微卫星 DNA，是一类由几个核苷酸（一般 1～6 个）为重复单位组成的长达几十个核苷酸的串联重复序列，例如 $(AAG)_n$。植物中平均每 20kb 就有 1 个 SSR 位点。根据 SSR 的元件排列方式，其可分为 3 种类型：①完全型 ATATATATAT；②不完全型 ATATATGGATATCGATAT；③复合型 AT ATATGGCATCGATAT。

SSR 分子标记是在 SSR 两翼保守序列设计引物，通过 PCR 反应扩增微卫星片段，由于不同样本的串联重复数目不同，可根据 PCR 产物长度揭示样本的遗传多态性（图 2-2）。

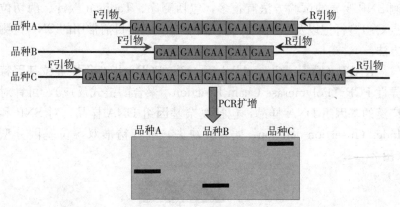

图 2-2　SSR 分子标记检测技术原理

（3）品种真实性鉴定。品种真实性是指一批种子或种苗所属品种、种或属与文件描述是否相符。品种真实性鉴定是指供检样品与其对应品种名称的标准样品比较，检测证实供检样品品种名称与标注是否相符，通常采用 DNA 分子鉴定或 DUS 测试。

品种真实性 DNA 分子鉴定是指利用特定的引物组合从 DNA 分子水平上比较待测品种及标准品种的遗传信息是否一致的过程，目前多采用 SSR 或 SNP 分子标记法。DNA 分子鉴定具有时间短、费用低、结果准确且不受环境影响等优点。

品种真实性 DUS 测试是指依据相应植物测试技术与标准通过田间种植试验或室内分析，对待测品种的特异性（Distinctness）、一致性（Uniformity）和稳定性（Stability）进行评价的过程。DUS 测试是国内外公认准确度最高、最为认可的检测方式，但鉴定周期长、成本高、易受环境影响，一般建议进行两年两点鉴定。我国的《植物新品种保护条例》规定：植物新品种必须具备 DUS 特性，才能授予植物新品种权。DUS 测试指南是开展植物新品种实质审查测试工作的基础。

二、品种真实性 DNA 分子鉴定步骤

（1）原理。品种真实性 DNA 分子鉴定原理与人类亲子鉴定技术

类似。蔬菜作物不同品种，其基因组存在着能够世代稳定遗传的序列差异。这种差异可以从抽取有代表性的试验样品中提取 DNA 获得，并用特异的 SSR 或 SNP 引物进行扩增和检测，进而根据扩增产物不同而区分品种。依据 SSR/SNP 标记检测原理，采用 SSR/SNP 引物，通过与标准样品 SSR/SNP 指纹数据比对或筛查的方式，对品种真实性进行验证或身份鉴定。品种真实性验证依据 SSR/SNP 位点差异数目而判定，品种真实性身份鉴定依据被检 SSR/SNP 位点无差异原则来进行筛查、鉴定。

（2）扦样。 扦样是检验的首要环节，是开展真实性检验工作的第一步，扦样技术正确与否直接影响检验结果准确与否。应从大量的种苗中，随机取至少 100 株适合、有代表性的供检样品。DNA 样品至少来自 30 个随机个体的混合样或至少 20 个随机个体的单样，一般取幼苗、叶片等组织或器官。

（3）DNA 提取。 建议采用 CTAB 或 SDS 法提取 DNA，采用其他方法提取的 DNA 数量和质量须符合 PCR 扩增的要求。一般 DNA 质检要求无降解，吸光度 OD_{260}/OD_{280} 介于 $1.8\sim2.0$，OD_{260}/OD_{230} 介于 $1.5\sim2.0$。

①CTAB 法提取 DNA。 选取新鲜叶片进行 DNA 提取。选取试验样品（胚根、胚轴、幼嫩叶片等组织或器官）$300\sim400mg$，加入液氮迅速研磨成粉末后，转入 2.0mL 的离心管中。在离心管中加入 65℃预热的 CTAB 提取液 $800\mu L$，充分混匀，65℃水浴 30min，其间多次轻缓颠倒混匀。待样品冷却至室温后，每管加入等体积的三氯甲烷：异戊醇（24∶1）混合液，充分混合后静置 10min，12 000r/min 离心 10min。吸取上清液转移至新的离心管中，加入等体积的氯仿，充分混合后静置 10min，12 000r/min 离心 10min。离心后再次吸取上清液移至新的离心管中，加入 0.7 倍体积预冷的异丙醇，轻轻颠倒混匀，－20℃冰箱放置 30min，12 000r/min 离心 5min。弃上清，75%乙醇溶液洗涤 2 遍，自然干燥或在超净工作台上吹干。在干燥后的 DNA 中加入 $100\mu L$ 超纯水充分溶解，检测浓度并稀释至 $50\sim100ng/\mu L$，置于冰箱 4℃空间备用或－20℃空间保存。

②SDS 法提取 DNA。 选取试验样品（胚根、胚轴、幼嫩叶片等

组织或器官）300～400mg，加入液氮迅速研磨成粉末后，转入2.0 mL的离心管中。在离心管中加入65℃预热的SDS提取液800μL，充分混匀，65℃水浴30min，其间多次轻缓颠倒混匀。待样品冷却至室温后，每管加300μL 3mol/L醋酸钾溶液，充分混合后静置10min，12 000r/min离心10min。吸取上清液转移至新的离心管中，加入等体积异丙醇，混合后静置10min，12 000r/min离心10min。弃上清，加入75%乙醇溶液洗涤2遍，自然干燥或在超净工作台上吹干。在干燥后的DNA中加入100μL超纯水充分溶解，检测浓度并稀释至50～100ng/μL，置于冰箱4℃空间备用或−20℃空间保存。

（4）SSR标记的PCR反应体系配置及程序。 采用SSR分子标记法进行品种真实性鉴定，PCR反应体系及反应程序可参照已颁布的相关标准或专利文本操作。不同蔬菜作物进行品种真实性鉴定的引物数量不同，一般引物数量为20～48个。

SSR引物PCR扩增反应体系配制如表2-1所示。

表2-1　PCR扩增反应体系

反应组分	原浓度	终浓度	推荐反应体积（20μL）
10×PCR Buffer（含Mg^{2+}）	10×	1×	2μL
dNTPs	10 mmol/L	0.4 mmol/mL	0.8μL
Taq酶	5 U/μL	0.05 U/μL	0.2μL
上游引物	10 μmol/L	1 μmol/L	1μL
下游引物	10 mol/L	1 μmol/L	1μL
模板DNA	50ng/μL	5ng/μL	2μL
ddH$_2$O	—	—	13μL

注：若使用2×Taq Mix混合液进行PCR扩增，可直接在反应体系中加入相应的引物和模板DNA，加入量参照表2-1，用ddH$_2$O补齐至反应总体积20μL。

SSR扩增反应程序中各反应参数可根据PCR扩增仪型号、酶、引物等的不同做适当调整。通常采用下列反应程序。

a）预变性：98℃，3min，1个循环；

b）扩增：98℃变性10s，60℃退火10s，72℃延伸15s，35个循环；

c）终延伸：72℃，5min；

d）扩增产物置于 4℃空间保存。

（5）SNP 标记的 PCR 反应体系配制及程序。采用 SNP 分子标记法进行品种真实性鉴定，PCR 反应体系及反应程序可参照已颁布的相关标准或专利文本操作。不同蔬菜作物进行品种真实性鉴定的引物数量不同，一般引物数量为 32～96 个。

PCR 反应可以在不同规格的 PCR 板或膜上进行，反应体系的总体积和各组分体积按照表 2‑2 进行配制，每板设空白对照，试验过程中设 2 个参照样品。

表 2‑2　基于微孔板或微量反应孔膜平台的 PCR 反应体系

微孔板类型	96 微孔板 （μL）	384 微孔板 （μL）	1 536 微孔板 （μL）	微量反应孔膜 （μL）
DNA 模板（30ng/μL）	1.5	1.5（烘干）	1.5（烘干）	1.6μL（烘干）
2×PCR Mix	5	1.5	0.5	0.8
引物混合液（100μmol/L）	0.140	0.042	0.014	0.024
ddH$_2$O	3.36	1.5	0.5	0.776
总反应体积	10	3	1	1.6

PCR 扩增反应程序如下：

a）94℃，15min；

b）94℃，20s，61℃，60s，以 0.6℃/s 循环的速度降落，10 次循环；

c）94℃，20s，55℃，60s，26 次循环；

d）若初始反应结束检测不到荧光信号或荧光信号弱，可继续 94℃，20s，57℃，60s，3 次循环。

（6）SSR 扩增结果读取。

①变性 PAGE 垂直板电泳检测方法。蘸少量洗涤剂和清水仔细反复将玻璃板刷洗，再用蒸馏水冲洗干净，竖置晾干。将玻璃板水平放置，用 95％乙醇纵向、横向各擦拭板面 3 次。干燥后建议使用亲和硅烷工作液均匀涂满无凹槽的玻璃板表面，剥离硅烷工作液均匀涂在有凹槽的玻璃板表面。玻璃板干燥后，将 0.4mm 厚的塑料隔条放

在无凹槽的玻璃板两侧，盖上凹槽短玻璃板，用夹子在两侧夹好固定，用水平仪检测是否水平。量取 80mL 6％变性聚丙烯酰胺凝胶溶液，加入 $180\mu L$ 10％过硫酸铵和 $60\mu L$ TEMED，轻轻混匀后，沿着灌胶口轻轻灌入，防止气泡出现。胶灌满玻璃胶室，在凹槽处将鲨鱼齿梳子的平端插入胶液 5～6mm 深。室温下胶聚合 1～1.5h 后，轻轻拔出梳子，用清水洗干净备用。

将聚合好的胶板安装于电泳槽上，在电泳正极槽（下槽）加入 600mL 的 1×TBE 缓冲液，负极槽（上槽）加入 600mL 的 1×TBE 缓冲液，拔出样品梳，在 1 800V 恒压预电泳 20～30min，用注射器或吸管清除加样槽孔内的气泡和杂质，将样品梳插入胶中 1～2mm 深。每一个加样孔加入 5～8μL 变性样品，在 1 800V 恒压下电泳。

电泳的适宜时间参考二甲苯青指示带移动的位置和扩增产物预期片段大小范围加以确定。扩增产物片段大小在（100±30）bp、（150±30）bp、（200±30）bp、（250±30）bp 范围的，电泳参考时间分别为 1.5h、2.0h、2.5h、3.5h。电泳结束后关闭电源，取下玻璃板并轻轻撬开，凝胶附着在无凹槽的玻璃板上。

将粘有凝胶的长玻璃板胶面向上浸入"固定/染色液"中，轻摇染色槽，使"固定/染色液"均匀覆盖胶板，置于摇床上染色 5～10min。将胶板移入水中漂洗 30～60s。再移入显影液中，轻摇显影槽，使显影液均匀覆盖胶板，待条带清晰，将胶板移入去离子水中漂洗 5min，晾干胶板，放在胶片观察灯上观察记录结果，用数码相机或凝胶成像系统拍照保存（图 2-3）。

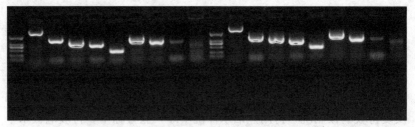

图 2-3 SSR 变性 PAGE 垂直板电泳结果

②荧光毛细管电泳检测方法。按照预先确定的组合引物，等体积取同一组合引物的不同荧光标记的扩增产物，充分混匀，稀释 2

倍。吸取稀释后的混合液 $1\mu L$，加入遗传分析仪专用 96 孔上样板上。每孔再分别加入 $0.1\mu L$ 分子量内标和 $8.9\mu L$ 去离子甲酰胺，95℃变性 5min，取出立即置于冰上，冷却 10min 以上，离心 10s 后备用。

打开遗传分析仪，检查仪器工作状态和试剂状态。将装有扩增产物的 96 孔上样板放置于样品架基座上，将装有电极缓冲液的 buffer 板放置于 buffer 板架基座上，打开数据收集软件，按照遗传分析仪的使用手册进行操作。遗传分析仪将自动运行参数，并保存电泳原始数据（图 2-4）。

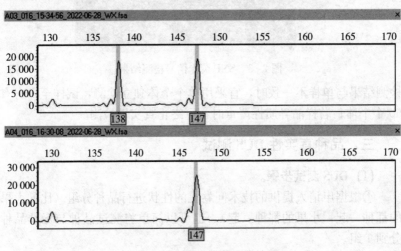

图 2-4 SSR 毛细管电泳结果

(7) SNP 扩增结果读取。 利用含有 FAM、HEX、ROX 三通道的荧光酶标仪或荧光定量 PCR 仪检测荧光信号并查看基因分型情况，记录荧光信号 FAM、HEX 读取结果。若分型不充分，则继续增加循环数，每增加 5 个循环查看分型情况，直至分型充分。建议准确记录供检样品在被检测位点的基因分型数据（图 2-5）。

(8) 结果报告。 品种真实性鉴定 DNA 分子标记法通过比较标准品种与待测品种的差异位点数进行判定，不同蔬菜作物判定阈值不同。一般差异位点数为 0，判定为相同品种；差异位点数为 1 或 2，判定为近似品种；差异位点数大于 2 或 3，判定为不同品种。当混样

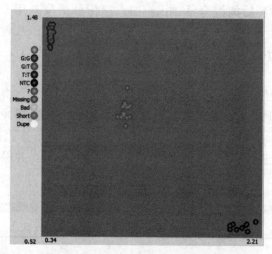

图 2-5 SNP 荧光信号检测结果

检测结果与单样不一致时，宜采用单个个体独立检测，试样至少含有 50 个个体；若样品异质性严重时，可终止真实性检测。

三、品种真实性 DUS 测试

（1）DUS 测试步骤。

①根据申请人提供的技术问卷上的性状进行品种分组（比如大果的都种一起，小果的都种一起），也可以简单将测试品种与标准品种分到 1 组。

②每份品种保护地栽培至少 10 株，露地栽培至少 20 株，并设 2 个重复；根据不同作物的测试指南要求在植株生长的各时期开展调查，例如黄瓜 DUS 测试需要调查 50 个基本性状，番茄 DUS 测试需要调查 44 个基本性状。

③调查结束后进行数据录入整理；品种 DUS 测试不是比较品种的测量性状的绝对值，而是根据人为划分的数值范围，转换为 1～9 等数字进行比较。

④数据分析，把第一周期筛选出来的近似品种和其申请品种在进入第二周期时进行相邻种植。

⑤出具测试报告。

(2) 田间 DUS 测试具体方法（以黄瓜品种鉴定为例）。

①繁殖材料。要求递交测试的黄瓜种子应籽粒饱满，总粒重至少为 125g。提交的种子应外观健康，活力高，无病虫侵害。种子的具体质量要求如下：净度≥99％，发芽率≥85％，含水量≤7.5％。提交的种子一般不进行任何影响品种性状正常表达的处理（如种子包衣处理）。如果已处理，应提供处理的详细说明。提交的种子应符合中国植物检疫的有关规定。

②测试周期。测试周期至少为 2 个独立的生长周期。

③测试地点。测试通常在一个地点进行。如果某些性状在该地点不能充分表达，可在其他符合条件的地点对其进行观测。

④试验设计。可按当地大田生产管理方式进行。每个小区面积不小于 7.5m²，行株距为 100cm×25cm，小区中供试植株数量最低限度为：保护地 30 株，露地 50 株。测试品种与近似品种相邻种植，至少设置 2 个重复，并设置保护行。采用营养钵育苗，苗龄 3 叶 1 心时定植。申请品种和近似品种相邻种植。采用育苗移栽，适龄定植。保护地栽培每个小区不少于 10 株，露地栽培每个小区不少于 20 株，设置适宜行株距，设 2 次重复。

⑤取样与观测。各性状的观测按相关 DUS 指南的附录规定执行。观测的记录按照《GB/T 19557.1 植物新品种特异性、一致性和稳定性测试指南 总则》规定执行，观测的数据分别取自各个重复。除非另有说明，个体观测性状植株取样数量不少于 20 个，在观测植株的器官或部位时，每个植株取样数量应为 1 个，群体观测应观测整个小区或规定大小的混合样本。必要时，可选用附表中的性状或本部分未列出的性状进行附加测试。

⑥特异性的判定。在测试中，当申请品种至少在 1 个性状上与近似品种具有明显且可重现的差异时，即可判定申请品种具备特异性。

⑦一致性的判定。对于测试品种，一致性判定时，采用 1％的群体标准和至少 95％的接收概率。当样本大小为 20～35 株时，最多可以允许有 1 个异型株。当样本大小为 36～60 株时，最多可以允许有 2 个异型株。

⑧稳定性的判定。如果一个品种具备一致性，则可认为该品种具

备稳定性。一般不对稳定性进行测试。必要时，常规种可以种植该品种的下一代种子，与以前提供的繁殖材料相比，若性状表达无明显变化，则可判定该品种具备稳定性。杂交种的稳定性判定，除直接对杂交种本身进行测试外，还可以通过对其亲本系的一致性和稳定性鉴定的方法进行判定。

⑨**性状表。**黄瓜测试性状包含植物形态特征、农艺性状、品质性状及抗病性状等 4 方面，共 55 个。根据测试需要，将性状分为基本性状、选测性状，基本性状是测试中必须对每个测试品种进行观测、描述的性状，共 50 个（表 2-3）。选测性状是在基本性状不能区别测试品种和近似品种时，进一步选测的性状，共 5 个，包括霜霉病抗性、白粉病抗性、枯萎病抗性、细菌性角斑病抗性、西瓜花叶病毒病抗性。

⑩**技术问卷。**申请人应按特定格式填写技术问卷，主要是对品种需要指出的性状和有助于辨别申请品种的信息的性状（如品质和抗性），提供详细的资料。

表 2-3　黄瓜品种田间 DUS 性状汇总

性状编号	性状名称	性状编号	性状名称
1	子叶：形状	13	茎节：最大单节雌花数
2	子叶：大小	14	叶片：绿色程度
3	子叶：绿色程度	15	叶片：形状
4	子叶：苦味	16	叶片：先端形状
5	下胚轴：长度	17	叶片：边缘缺刻深度
6	生长类型	18	叶片：长度
7	植株：生长势	19	子房：表面刺毛
8	植株：性型	20	子房：表面刺毛颜色
9	主蔓：节间长度	21	收获始期
10	主蔓：分枝性	22	果实：形状
11	主蔓：第一雌花节位	23	果实：纵径
12	主蔓：雌花节率	24	果实：横径

（续）

性状编号	性状名称	性状编号	性状名称
25	果实：纵径/横径比	38	果实：表面皱褶
26	果实：顶端形状	39	果实：刺毛类型
27	果实：瓜把形状	40	果实：刺密度
28	果实：瓜把长度（仅适用于瓶颈形的品种）	41	果实：刺颜色
29	果实：瓜把长度/纵径之比	42	果实：瘤
30	果实：果皮颜色（商品收获期）	43	果实：瘤数量
31	果实：表面蜡粉	44	果实：瘤大小
32	果实：表面光泽度	45	果实：果肉颜色
33	果实：表面黄线长度	46	果实：心腔相对于果实横径大小
34	果实：表面斑块	47	果实：苦味
35	果实：表面斑块分布	48	单性结实
36	果实：棱	49	果实：表面颜色（生理成熟期）
37	果实：缝合线	50	果实：表面网纹（生理成熟期）

四、辩证比较 DNA 分子标记法与田间 DUS 测试结果

植物品种鉴定对鼓励育种创新，保护育种家的权益，保证农业生产中种子质量及粮食安全等方面具有重要的作用。当前，植物品种鉴定分为田间表型鉴定与分子标记鉴定 2 种方法。

目前全球，特别是 UPOV 公约（国际植物新品种保护公约）成员国也主要采用 DUS 测试的方式来鉴定植物新品种。DUS 测试是品种权授权的基础，也是国内外公认准确度最高、最为认可的检测方式。但是，DUS 测试要从植物的种子、幼苗、开花期、成熟期等各个阶段，对多个质量性状、数量性状及抗病性等进行观察评价，并与近似品种进行结果比较，一般要经过 2～3 年的重复观察，具有周期长、受环境影响大等缺点。另外，待检品种在发芽率、净度、含水量、病害和种植环境等非遗传因素导致的表型差异可能影响鉴定结论。

种子作为重要的农业生产资料还具有本身的特殊性，要求对品种

的真实性作出快速的鉴别，包括品种真实性验证以及品种真实身份鉴定。与田间种植鉴定相比，DNA 分子鉴定技术在品种鉴定中具有独特的优势。分子鉴定具有不受环境影响、鉴定周期短、准确性强的特点，为品种的一致性和真实性快速鉴别提供了有力支持。分子鉴定通过对分子标记进行检测，将申请品种与近似品种间的差异标记数与规定的阈值进行比较，判断两者是否为不同的品种。DNA 分子检测技术已经在品种区域试验审定、品种权保护、种子市场监督抽查等多个领域得到了广泛的应用。

DNA 分子检测技术也成为 DUS 测试的重要辅助手段，不仅能够提高筛选近似品种的准确性，还能提高特异性评价的效率。目前，大多数植物品种分子鉴定行业标准或者国家标准大多采用 SSR 分子标记。SSR 具有标记多态性高、鉴定方法简单、种内甚至种间通用等突出优势；然而，SSR 标记也具有检测通量低等缺点，有逐步被SNP 标记所取代的趋势。最近，已有部分作物如水稻、玉米、黄瓜、辣椒、茄子等开展利用 SNP 标记进行品种鉴定的行业标准制定或相关的科学研究。

基因组上存在成千上百万个变异位点，理论上每个位点都能反映品种的遗传信息，并可用于品种鉴定。但是，分子标记鉴定方法只能选用基因组上的部分位点（≤50 个）；利用分子鉴定标准的鉴定结论用于处理品种权纠纷时，这些位点是否能够代表品种的遗传信息，其鉴定结果的可靠性常常被质疑。农艺性状大多为多基因控制的数量遗传性状，选取的位点并不一定是性状的连锁标记，而且基因组上还有大量基因的功能尚未解析。可用于 DUS 测试进行品种鉴定的性状有限，因此，分子鉴定与 DUS 测试鉴定品种的性状表现不能一一对应，不应将 DNA 分子检测对应的位点差异视同为品种田间表型特征的差异。在分子鉴定品种过程中，"不同是绝对的，相同是相对的"。DNA 分子检测在证伪性事实上有其绝对的优势，而在证明相同时则可能存在与田间种植鉴定结论不一致的情况。针对分子鉴定与表型鉴定结论之间的差异，少有研究报道两者之间的关系。

品种选育是育种家对繁殖材料进行人工改造的过程，可创造出大量遗传背景高度近似的品种，但区分品种的阈值是人为设定的，超过该阈值判定与已知品种不同。随着品种的更新换代，基于分子或表型的品种鉴定标准也要不断更新。

分子标记进行品种鉴定弥补了性状鉴定速度慢的不足，但我国《种子法》是基于性状定义品种的，决定了分子标记鉴定不具有最终的法律地位。近年来，我国水稻、玉米、蔬菜的育成品种遗传基础狭窄、种质资源研究和利用水平不高、品种多为低水平上派生品种。利用优良品系进行组配的使用频率较高，造成大量品种为同父异母或者同母异父。将一批近似的姊妹系配制成不同的组合参试，而姊妹系间差异未达到 2 个位点的标准，也导致出现雷同品种的数量增多。

第二节　蔬菜种苗品种纯度

一、定义

（1）异型株。指一个或多个性状（特征、特性）与原品种的性状明显不同的植株。

（2）品种纯度。指品种个体与个体之间在特征特性方面典型一致的程度，用本品种的种子数（或株数）占供检验作物样品种子数的百分率表示。

（3）品种纯度鉴定。主要鉴别与本品种不同的异型株。蔬菜品种纯度鉴定通常采用 DNA 分子鉴定和田间小区种植鉴定两种方法。品种纯度检验的对象可以是种子、种苗或比较成熟的植株。

二、品种纯度 DNA 分子鉴定步骤

（1）原理。参照品种真实性鉴定的原理，采用筛选能够准确识别品种异常个体 DNA 指纹的适宜引物，对一定数量送检样品的正常个体数目或百分率进行估测，从而对样品整体的典型一致程度做出评价。

（2）样品。从送检样品中随机分取规定数量的试样。对于杂交种，试样进行单粒独立检测，试样的数量，应至少含有 96（适用时可含亲本）粒种子；对于自交系，试样可采用混合样或单粒独立检测，应至少含有 192（适用时可含亲本）粒种子。

（3）DNA 提取及 PCR 扩增。建议采用 CTAB 或 SDS 法提取DNA，采用其他方法提取的 DNA 数量和质量须符合 PCR 扩增的要求。一般 DNA 质检要求无降解，吸光度 OD_{260}/OD_{280} 介于 1.8～2.0，OD_{260}/OD_{230} 介于 1.5～2.0。

根据不同作物纯度鉴定标准或相关专利文本推荐的引物，对样品进行 PCR 扩增。如果品种为杂交种，筛选样品基因型为杂合的，2对引物对至少 96 个个体进行基因分型；如果品种为自交系，则需要用所有推荐引物对至少 192 个个体进行基因分型。

DNA 提取、PCR 体系配制和反应程序、电泳等实验步骤参照本章第一节真实性鉴定相关内容，在此不再赘述。

（4）结果报告。纯度鉴定结果使用正常个体数目（检测试样总数减去异品种数目）占检测试样总数的百分率表示。自交系种子纯度鉴定结果，也可选择使用以检测样品中异品种数目表示。当两个引物纯度鉴定结果不同时，需要增加引物数量进行复检，取平均值作为品种的纯度。若不同引物差异较大，则放弃分子鉴定，改为田间小区种植鉴定。

品种纯度＝（检测品种个体总数－异型株个数－缺失个数）/（检测品种个体总数－缺失个数）×100%

如图 2 - 6 所示，该品种的纯度为（96－12－0）/（96－0）×100%＝87.5%

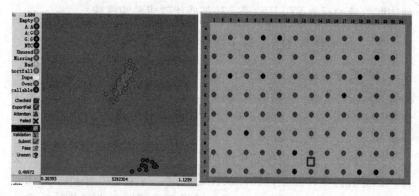

图 2 - 6　利用 SNP 引物进行品种纯度鉴定分型结果

三、田间小区种植鉴定品种纯度

①随机分取规定数量的试样。对于杂交种，应至少含有 100（适用时可含亲本）粒种子；对于自交系，应至少含有 200（适用时可含亲本）粒种子。

②设置种植小区。要求小区在同一块地，土壤肥力一致均匀，前茬未种过相同蔬菜作物，每个样品最少设 2 次重复。

③种植株数及管理。种植的株数依据杂交种纯度而定，纯度越高种植的株数应越多，如 98％的一级杂交种纯度，种植株数不少于 400÷（100－98）＝200（株）。

④小区种植不能进行间苗操作。苗期和商品收获期各鉴定 1 次，将小区发现的异品种、异作物记载下来。

⑤出具测试报告。

四、品种纯度鉴定结果注意事项

如果异型株为亲本（通常为母本），DNA 分子方法进行纯度鉴定结果可靠；如果品种混杂其他品种的种子，DNA 分子方法则很难鉴定出异型株。

田间小区种植进行纯度鉴定要求检验员拥有丰富的经验，熟悉被检品种的特征特性，能正确判别植株是属于本品种还是变异株。变异株应是遗传变异，而不是受环境影响所引起的变异。许多品种在幼苗期就有可能鉴别出品种真实性和纯度，但成熟期（常规种）、花期（杂交种）和食用器官成熟期是品种特征特性表现时期，必须进行鉴定。

第三章　蔬菜种苗评价

在长期的生产实践中，我国菜农早就注意到菜苗质量对产量的影响，并根据菜苗的生长或形态特点对幼苗的质量进行描述，如"平头苗""蹲实苗"等，特别是普遍认定的"矮壮苗"，的确在定植后能获得较好的栽培效果，这种描述形态的方法目前仍广泛用于生产中来判断幼苗质量。在幼苗生理生态研究中，国内外研究者往往又都会采用一些数量性状，作为从不同角度衡量幼苗生长速度、发育进展及其质量的指标，如株高、茎粗、叶面积、鲜重与干重等，以及用它们之间的比值作为幼苗生育状态的相对指标，如茎粗/株高、根重/冠重等；还有在性状指标中选择 2 个以上的代表性指标组成整体的复合指标，如壮苗指数等。这些指标比较稳定，能从不同角度反映幼苗的质量，甚至在一定条件下，单独使用某些指标即可判断幼苗质量。同时，一些生理代谢指标，如光合强度、根系活力等都可从不同的生理活动角度反映幼苗的状态及素质，在研究蔬菜幼苗质量和确定壮苗指标时均可作为重要参考和依据。

第一节　性状指标

一、株高

（1）含义和功能。株高一般指基质以上苗的高度，一般指茎基部到生长点位置的高度，生菜、芹菜等叶菜类作物，可指植株最高点。在同样的叶片数下，节间越长，幼苗也越高。株高是穴盘苗最主要的评价指标之一，株高过高或过低的幼苗都不利于移栽，苗弱或易折断。

影响穴盘苗株高的因素有温度、湿度、养分、光照、机械方法和生长调节剂使用等。

（2）测定方法。 将幼苗捋直后，采用直尺或卷尺测量，从基质表面向上测量至生长点或最高点，即为株高，单位为 cm 或 mm。

二、茎粗

（1）含义和功能。 茎粗是衡量幼苗生长健壮与否的重要指标之一，与全株干重、叶面积、根重等指标一起被认为是稳定性指标，可在很大程度上代表或反映出幼苗同化产物的积累状况及生长发育程度，对生态因子的反应有明显的方向性，即随环境条件的改善，指标量逐渐增高。

茎粗一般指幼苗茎基部的粗度，可以选茎基部、子叶以上0.5cm、子叶节下 1cm 处或距离基质 1cm 高处的茎部。也可根据实际情况，选取某一节位的茎部测量，如河北省地方标准中要求测量第一片真叶至第二片真叶之间、中间位置的茎秆直径。

（2）测定方法。 一般采用游标卡尺测量某一节或茎基部附近的粗度或直径，单位为 mm。

三、苗龄

（1）含义和功能。 苗龄与幼苗素质有密切关系，通常苗龄可分为生理苗龄和日历苗龄，两者既有区别又有联系，都受到温度的密切影响，与冬春季育苗相比，夏季育苗时，达到相同生理苗龄的幼苗，日历苗龄几乎能短一半以上。一般在生态条件，尤其是有效积温及品种和幼苗管理大致相同的区域，日历苗龄和生理苗龄是相对固定的，在不同的季节茬口可通过日历苗龄进行成苗期估算，在合同约定和成苗标准中也往往同时采用 2 种苗龄。

真叶的数量表示作物的生理年龄，即生理苗龄，是叶片增长速率的直接反映。真叶数太多表示穴盘苗生理年龄过大；生长温度低，真叶数就比实际的少一些；真叶数还受到孔穴数量的限制。

育苗期长短或天数即为日历苗龄。据研究，番茄幼苗根系脱氢酶活性与日历苗龄的关系呈抛物线；小苗比大苗更易受低温危害；随着苗龄增大，茎内碳水化合物含量增加，而氮的含量减少；对茄子苗而言，顶芽部玉米素、脱落酸及吲哚乙酸的含量均表现为小苗高于大苗，而赤霉素含量则表现为小苗低于大苗。同时，随着苗龄增加，根系活力也会逐渐下降。

同时，有研究表明，不同苗龄幼苗定植后总产量无显著差异，但在产量的时期分布上差异很大，即随着苗龄增大，前期产量增高，后期产量降低，中期产量则大小苗龄差异不大。可根据栽培需要确定苗龄，如：大龄苗能较早地形成产量，采收期较早，但也比较容易早衰，后期产量下降。

（2）**测定方法。**生理苗龄一般通过确定幼苗的真叶数量即可得知，常用 n 片叶或 n 叶 1 心来描述。日历苗龄一般需记录从播种到成苗的天数，单位为 d（天）。

四、叶形态

（1）**含义和功能。**叶的大小和伸展度是估计幼苗地上部生长的主要标准之一，生长过度或徒长的幼苗叶片往往大而薄，在移栽和运输时还容易受到伤害。株型健美的幼苗，表现为子叶健全，具有一定的真叶数，叶色浓绿，叶面积中等大小，胚轴、节间和叶柄长度适当，为 1～2cm，叶柄与茎的夹角45°左右。叶面积增长不仅为干物质积累创造条件，且关系到果菜的花芽分化。没有足够的叶面积，花芽分化的生理条件不具备，分化期就会推迟。

（2）**测定方法。**叶面积的测定方法有很多，常规的方法有叶面积仪测定法、透明方格法、纸样称重法、打孔测定法、系数测定法、回归方程法等，以下主要介绍打孔测定法和图像扫描法。

①**打孔测定法。**用直径 15mm 的打孔器在每株幼苗的叶片上取 100 个小叶片，称其重量，若 100 个小叶片的面积为 1.767cm²，重量 a，地上部鲜重为 b，则全株叶面积为 $1.767b/a$，单位为 cm²。

②**图像扫描法。**将幼苗地上部叶片分别剪下，展平后互不重叠摆放于扫描仪扫描平板框内，采用植物图像分析软件系统对其进行扫描，自动测定单片或全部叶面积，单位为 cm²，如彩图 3-1 所示。

五、根形态

（1）**含义和功能**。根系由主根、侧根或不定根、根毛组成。根系生长状况包括根系在水平或垂直方向的伸展、根长、根体积，以及侧根和根毛的分布位置和密度等。根系的发生和伸长是根尖细胞感知外界环境信号后不断分裂、分化、膨大的结果，存在遗传差异性，也受根际环境因素的调节。育苗基质 pH、温度、水分、养分和通气情况，以及植物激素等都会影响根系的生长。根系生长的最适温度一般低于茎叶生长的最适温度，根际温度过高或过低都可能抑制根的生长。增加养分供应通常能促进根系的生长，尤其是氮，其对根的影响最为明显，而磷则对根毛形成有明显影响。

（2）**测定方法**。根系体积的测定方法主要有水位取代法和图像扫描法，以下主要介绍图像扫描法。

图像扫描法：将幼苗根部去除基质，清洗干净后，漂浮于含水托盘中，采用植物图像分析系统软件对根部进行扫描，自动测定其根总长、根平均直径、根表面积、根总体积、根尖计数等根系发育情况，如彩图 3-2 所示。

六、鲜/干重

（1）**含义和功能**。鲜重是指幼苗在自然状态下测得的重量，干重是指幼苗除去水分以后测得的重量。鲜重常因不同环境条件下，幼苗体内含水量的变化而变化；干重则相对较稳定，代表幼苗的绝对生长量。

（2）**测定方法**。将幼苗地上部和地下部分开，地下部（根部）去除基质后清洗干净，用吸水纸吸干表面水分，然后用电子天平测定全株、地上部或地下部鲜重，单位为 g。

将幼苗地上部和地下部分开，地下部（根部）去除基质后清洗干净，用吸水纸吸干表面水分，于烘箱中 105℃杀青 15min，75℃左右恒温烘至恒重后，用电子天平测定全株、地上部或地下部干重，单位为 g。

七、G 值

(1) 含义和功能。G 值表示幼苗的日均绝对生长量，在对茄果类蔬菜幼苗各种数量性状及其衍生指标与前期产量的分析研究中，G 值被证明较适宜用于预测前期产量，可用于比较壮苗质量。比较幼苗 G 值可初步认定种苗质量，G 值愈大，植株前期产量愈高。

(2) 测定方法。按照上述幼苗干重测定方法获得幼苗全株干重，然后利用公式 G 值＝全株干重/育苗天数，算出 G 值，单位为 g/d。

八、根冠比

(1) 含义和功能。对于地上部与地下部的相关性常用根冠比（Root-top Ratio，R/T）来衡量。所谓根冠比，是指幼苗地下部（根部）与地上部干重或鲜重的比值，能反映植物的生长状况，以及环境条件对地上部与地下部生长的不同影响。地上部的生长过量或根冠比的值太高是造成幼苗质量差的主要原因，表现为苗过高，茎徒长，叶大而软，根系生长较差，因而适宜的根冠比对于评估幼苗质量很有必要。

影响根冠比的因素有土壤（基质）水分、光照、矿质营养、温度、移栽操作、生长调节剂使用等。

(2) 测定方法。按照前述测量鲜重和干重的方法测定后，依据以下公式计算可得根冠比。

根冠比（R/T）＝植株地下部鲜（干）重/植株地上部鲜（干）重

九、壮苗指数

(1) 含义和功能。壮苗指数或壮苗指标是一类复合指标，由 2 个以上的稳定数量性状指标组成。与单项指标相比，复合指标更能全面地反映出种苗的质量。1980 年全国第一次蔬菜育苗工厂化研究攻关协作会议提出壮苗指数（标）的概念和计算方法。经过国内学者多年的研究，得到了一些公认较为适宜的壮苗指数公式。

(2) 测定方法。按照前述相应的方法测定单个性状指标后，根据实际需要，可按照以下 2 个公式计算得到壮苗指数。

①壮苗指数＝［茎粗（cm）/株高（cm）＋地下部干重（g）/地上部干重（g）］×全株干重（g）

②壮苗指数＝［茎粗（cm）/株高（cm）］×全株干重（g）

第二节　代谢生理指标

一、叶绿素

(1) 含义和功能。 叶绿素是使植物呈现绿色的色素，是光合色素的1种，约占绿叶干重的1％，高等植物中含有 a、b 两种叶绿素。叶片中叶绿素的含量可以反映幼苗的生长状态和健壮程度。

影响叶绿素形成的条件有光照、温度、营养元素、氧气和水分，此外还受遗传因素控制，部分病毒也会产生影响。

(2) 测定方法。 叶绿素含量的测定方法主要有紫外分光光度法、荧光分析法、活体叶绿素仪法、光声光谱法和高效液相色谱法。目前应用最为广泛的是紫外分光光度法。根据叶绿素色素提取液对可见光谱的吸收，在某一特定波长下利用分光光度计测定叶绿素色素提取液吸光度，即可用公式计算出提取液中叶绿素的含量。

①**紫外分光光度法实验原理。** 叶绿素 a、b 在 95％乙醇中吸光度最大吸收峰的波长分别为 665nm 和 649nm，可据此列出以下关系式：

$$C_a = 13.95\,A_{665} - 6.88\,A_{649}$$
$$C_b = 24.96\,A_{649} - 7.32\,A_{665}$$

②**紫外分光光度法实验步骤。**

a) 取新鲜植物叶片，擦去组织表面污物，剪碎（去掉中脉），混匀。

b) 称取待测剪碎的新鲜样品 0.1g（可调整），共 3 份，分别置于试管中；每个试管加入 5mL 95％乙醇，使样品完全浸泡在乙醇溶液中；将试管置于暗处浸泡 24h 后，进行比色测定。

c) 将叶绿素色素提取液倒入比色杯内，以 95％乙醇为对照调零，在波长 665nm、649nm 下测定提取液吸光度（分别是 A_{665}、A_{649}）并记录。

d) 按①中的公式分别计算叶绿素 a、b 的浓度（分别是 C_a、C_b，单位为 mg/L），二者相加即得叶绿素总浓度。求得色素的浓度后，再按下式计算组织中单位鲜重的各色素的含量。

叶绿体色素的含量＝（色素浓度×提取液体积）/样品鲜重（单位为 mg/g）

(3) 叶绿素 SPAD 值。SPAD（Soil and Plant Analyzer Development）值一般利用便携式 SPAD-502 等型号的叶绿素仪测量，手持仪器的测量头可以夹住植株的叶片，对其进行活体无损检测，即时获得数值。测量原理是利用叶片在两种波长范围内的透光系数不同，从而来确定叶片当前叶绿素的相对数量。这两个波长区域是 650nm 红光区（对光有较高的吸收且不受胡萝卜素影响）和 940nm 红外线区（对光的吸收极低）。

SPAD 值和植物叶绿素含量是相关的，通过测量植物叶片的 SPAD 值变化，可以得到叶绿素含量的变化趋势，比较简便，适用于快速评估植株的生长状况。

二、根系活力

(1) 含义和功能。根系活力能够反映幼苗的活力，相同苗龄的不同质量幼苗之间比较，老化苗、徒长苗的根系活力较低。根系活力明显地反映幼苗定植后的缓苗速度及缓苗后的初期生长速率。测定根系活力，可衡量植株的生长健壮程度及抗逆能力。

(2) 测定方法。

①试验原理。2,3,5-三苯基氯化四氮唑（TTC）是一种氧化还原色素，溶于水中后形成无色溶液，但可被根系细胞内的琥珀酸脱氢酶等还原，生成红色的不溶于水的三苯甲腙（TTF），因此测定 TTC 的还原量，可衡量根系脱氢酶的活性并将其作为根系活力的指标。

②实验步骤。

a) 配制反应液：把 10g/L 的 TTC 溶液，0.4mol/L 的琥珀酸和磷酸缓冲液按 1∶5∶4 的体积比混合制成反应液。

b) 剪取植物根系，仔细洗净后放入三角瓶中，倒入反应液，深度以浸没根为度；然后，置于 37℃保温箱中保温 1～3h，观察根显色情况。

　　c) TTC 标准曲线的制作：取 4g/L TTC 溶液 0.25mL 置于 10mL 试管中，加少许 $Na_2S_2O_4$ 粉末，摇匀后立即产生红色的三苯甲腙；再用乙酸乙酯定容至刻度，摇匀。之后分别取此液 0.25mL、0.50mL、1.00mL、1.50mL、2.00mL 置于 5 支 10mL 容量瓶中，用乙酸乙酯定容至刻度，即得到含三苯甲腙 $25\mu g$、$50\mu g$、$100\mu g$、$150\mu g$、$200\mu g$ 的标准比色系列，以乙酸乙酯溶液作参比，在 485nm 波长下测定吸光度，绘制标准曲线。

　　d) 称取根尖样品 0.2～0.3g，放入 10mL 烧杯中，加入 4g/L TTC 溶液和磷酸缓冲液各 5mL，充分浸没根样，置于 37℃下暗保温 1～3h，然后加入 1mol/L 的硫酸 2mL 终止反应。与此同时做一空白实验，即称取上述相同质量的根尖样品放入 10mL 烧杯中，先加 1mol/L 的硫酸 2mL 杀死根样，再加入 4g/L TTC 溶液和磷酸缓冲液各 5mL，充分浸没根样；然后，在 37℃下暗保温 1～3h。

　　e) 将待测根样和空白实验根样取出，吸干表面水分，分别用3～4mL 乙酸乙酯研磨，以提取出三苯甲腙。将提取液分别转入两支刻度试管，并用少量乙酸乙酯把残渣洗涤 2～3 次，一并转入试管中，最后加乙酸乙酯使总体积为 10mL。摇匀后，以空白实验样品提取液为参比，在 485nm 波长下测定样品提取液的吸光度。根据吸光度查标准曲线，即可求出 TTC 还原量。

　　f) 结果处理及计算。

$$TTC 还原强度 [mg/(g \cdot h)] = \frac{m}{m_0 \cdot t}$$

式中：m 为从标准曲线查出的 TTC 还原量（mg）；m_0 为根样品质量（g）；t 为反应时间（h）。

三、光合速率

(1) 含义和功能。 光合作用是植物制造有机物，获得能量的重要过程。苗期光合作用是衡量幼苗质量的一个重要生理指标。幼苗光合作用的强弱，即光合强度是以光合速率作为衡量指标的。光合速率通常是指单位时间、单位面积的 CO_2 吸收量或 O_2 释放量。在光合作用的研究中，CO_2 吸收量常用红外线 CO_2 气体分析仪测定，O_2 释放量可用氧电极法测定；氧电极主要用于测定光合仪无法测定的细小组织的相应指标。

(2) 测定方法。红外线 CO_2 气体分析仪有半自动化（如 CB-1101 型光合速率和蒸腾速率测定仪、QGD-07 型红外仪等）和全自动化（TPS-1 便携式光合作用测定系统、LI-6400 便携式光合仪等）多种类型，以下以目前常见的 LI-6400 便携式光合仪为例。

工作原理：CO_2 大量吸收 4 260nm 红外线，进入分析器的浓度越高，吸收的能量也越多，其吸收的能量与 CO_2 浓度在一定范围内成正比。光合仪根据参比室和叶室 CO_2 浓度差值计算出光合速率；蒸腾产生水气，使叶室中湿度提高，安装在叶室中的湿度感应器可以测出 H_2O 浓度差，经主机计算出蒸腾速率；由于 H_2O 和 CO_2 之间的扩散存在着线性关系，从而根据蒸腾速率和其他环境参数，计算出气孔导度；最后根据气孔导度、蒸腾速率、参考气体 CO_2 浓度、光合速率计算胞间（内部）CO_2 浓度。

光合仪最大的优点是可以进行活体测定，一次性完成光合速率、呼吸速率、蒸腾速率、气孔导度、内部 CO_2 浓度等多项数据测定，便于携带和野外测量。

四、超氧化物歧化酶（SOD）

(1) 含义和功能。超氧化物歧化酶（Superoxide Dismutase, SOD）是一种广泛存在于自然界各种生物体内的抗氧化金属酶，其能够催化超氧阴离子自由基歧化生成 O_2 和 H_2O_2。SOD 作为生物体内活性氧的清除剂，是植物体内重要的保护酶之一，其活性在植物生长发育和抗逆抗病等研究中均有着重要意义。

(2) 测定方法。超氧化物歧化酶的测定方法非常多，可分为直接法和间接法。应用较多的主要有邻苯三酚自氧化法、NBT（氮蓝四唑）光还原法、亚硝酸盐法和细胞色素 C 还原法等间接测定的方法。其中 NBT 光还原法因其灵敏度高、重复性好、对试剂要求不高且操作简单等特点，目前在植物学和医学测定中应用最为广泛。

①实验原理。当反应体系中有可被氧化的物质（如甲硫氨酸）存在时，核黄素可被光还原，还原的核黄素在有氧条件下极易再氧化而

产生 O_2^-，O_2^- 则可将 NBT 还原成蓝色的甲腙，后者在 560nm 处有最大吸收值（A_{560}）。而 SOD 能够清除 O_2^-，从而抑制 NBT 的还原。酶活性越高，抑制作用越强，反应液的蓝色越浅。因此可通过测定 A_{560} 来计算 SOD 活性，以抑制 NBT 光还原反应 50％所需的酶量为 1 个酶活性单位。

②实验步骤。

a）试剂配制。50mmol/L PBS（pH＝7.8）。配制母液 A：称取磷酸氢二钠 17.907g，用水溶解，定容至 1L；配制母液 B：称取磷酸二氢钠 3.9g，用水溶解，定容至 500mL；取 90mL 母液 A＋100mL 母液 B 定容至 1L。

酶提取缓冲液：在 1L 50mmol/L PBS（pH＝7.8）中加入 292mg EDTA 和 20g PVP，保存至冰箱 4℃环境。

130mmol/L 甲硫氨酸溶液：称取 1.939 9g 甲硫氨酸，用 50mmol/L PBS（pH＝7.8）溶解并定容至 100mL（60℃以下加热助溶，室温保存 2～3d 有效）

20μmol/L 核黄素溶液：称取 0.007 5g 核黄素，蒸馏水溶解，定容至 1L（避光 4℃条件保存）。

750μmol/L 氮蓝四唑(NBT) 溶液：称取 0.061 3g NBT，用 50mmol/L PBS（pH＝7.8）溶解并定容至 100mL（避光 4℃条件保存）。

100μmol/L EDTA-Na$_2$ 溶液：称取 0.009 3g EDTA-Na$_2$，用 50mmol/L PBS（pH＝7.8）溶解并定容至 250mL（4℃条件保存）。

b）粗酶液提取。植物材料使用液氮研磨，称取研磨后粉末 0.5g，倒入预冷的研钵中，加入 3mL 酶提取缓冲液，研磨成匀浆后，将 3mL 研磨液倒入 10mL 离心管，同时使用 5mL 酶提取液冲洗研钵，冲洗液倒入离心管中，使离心管终体积为 8mL。12 000r/min 离心 10min，离心后上清液即酶提取液，用于后续测定。每个样品至少用该方法提取 3 份酶提取液作为 3 次技术重复。

c）配制反应液和测定。在 10mL 透明玻璃试管中依次加入 1.5mL 50mmol/L PBS（pH＝7.8）溶液，0.3mL 130mmol/L 甲硫氨酸溶液，0.3mL 750μmol/L NBT 溶液，0.3mL 100μmol/L EDTA-Na$_2$ 溶液，0.05mL 酶提取液，0.25mL 蒸馏水，0.3mL 20μmol/L 核

黄素溶液，终体积为 3mL。另外选 2 支试管做对照，对照处理以缓冲液代替酶液。

将溶液混匀，将一支对照管置于暗处，其他各管于日光下反应 5~15min（充分显色即可）。反应结束后，以不照光的对照管为空白，在 560nm 处测量吸光值，记录 A_{560}，计算酶活性。

注意事项：加入核黄素后启动反应，加核黄素时尽量在避光条件下快速加入，加完立即放在光下反应，均匀摆放试管，使每支试管见光均匀。

d）根据公式计算 SOD 总活性。

SOD 总活性（U/g）＝ $2(A_{CK}-A_E) \cdot V / (A_{CK} \cdot W \cdot V_t)$

式中：A_{CK} 为照光对照管的吸光度；A_E 为样品管的吸光度；V 为提取液量（mL）；V_t 为吸取样品液体积（mL）；W 为样品质量（g）。

五、过氧化物酶（POD）

（1）含义和功能。 过氧化物酶（Peroxidase，POD）是植物体内普遍存在且活性较高的一种酶，该酶可以清除细胞内的 H_2O_2，是植物体内的保护酶之一。此外，POD 与植物的呼吸作用、光合作用、生长素的氧化以及木质素的形成等有关，其活性随植物生长发育进程以及环境条件的改变而变化。因此，测定 POD 活性可以反映某一时期植物体内的代谢及抗逆性的变化。

（2）测定方法。 POD 的检测方法有碘量滴定法、氧电极法和愈创木酚法等。相比于其他两种方法，愈创木酚法测定误差小且无需特殊仪器，是最常用的测定方法。

①试验原理。在有 H_2O_2 存在时，POD 能催化多酚类芳香族物质氧化形成各种产物，如作用于愈创木酚生成四邻甲氧基苯酚（棕褐色产物），该物质在 470nm 波长处有特征吸收峰，且在一定范围内其颜色的深浅与产物浓度的高低成正比，因此可通过分光光度法间接测定 POD 活性。

②试验步骤。

a）试剂配制。50mmol/L PBS（pH＝7.8）。配制母液 A：称取磷酸氢二钠 17.907g 用水溶解，定容至 1L；配制母液 B：称取磷酸二氢钠 3.9g 用水溶解，定容至 500mL；取 90mL 母液 A＋100mL 母液 B 定容至 1L。

酶提取缓冲液：在 1L50mmol/L PBS（pH＝7.8）中加入 292mg EDTA 和 20g PVP，保存至 4℃条件。

b）粗酶液提取。同超氧化物歧化酶中粗酶液提取。

c）配制反应液和测定。取 50mL 的 50mmol/L PBS（pH＝5.5），加入 19μL 的愈创木酚和 28μL 的过氧化氢溶液（30％），充分混匀。以未加酶提取液的反应液为空白对照。

吸取反应液 3mL 于比色杯中，加入酶提取液 100μL，迅速摇匀后测定 470nm 波长 3min 内吸光度值变化，取线性部分，计算每分钟吸光度变化值（ΔA_{470}）。

注意事项：酶提取液的加入量以使吸光值大部分处在 0.2～0.8 为标准，如果达不到此范围，可以考虑增加或减少酶提取液的量。

d）根据公式计算 POD 活性。

POD 活性 $[U/（g \cdot min）] = \Delta A_{470} \cdot V_t /（W \cdot V_s \cdot 0.01 \cdot t）$

式中：ΔA_{470} 为反应时间内吸光度的变化；W 为样品质量（g）；t 为反应时间（min）；V_t 为提取酶液总体积（mL）；V_s 为测定时取用酶液体积（mL）。以每分钟 A_{470} 变化 0.01 为 1 个过氧化物酶活性单位（U）。

六、过氧化氢酶（CAT）

（1）含义和功能。 过氧化氢酶（Catalase，CAT）普遍存在于植物组织中，是植物重要的保护酶之一。CAT 可以催化 H_2O_2 分解为 H_2O 和 O_2，可作为 H_2O_2 的清除剂，避免 H_2O_2 积累对细胞的氧化破坏作用。

（2）测定方法。 CAT 的检测方法有滴定法、紫外分光光度法和氧电极法等。其中滴定法相比于其他两种方法误差略大，而氧电极法需要氧电极仪且标准曲线制作较为复杂，紫外分光光度法是更加简便和常用的方法。

①试验原理。H_2O_2 对 240nm 波长的紫外光具有强吸收作用，而 CAT 能催化 H_2O_2 分解成 H_2O 和 O_2，因此在反应体系中加入 CAT

时会使反应液的吸光度值（A_{240}）随反应时间降低。

②试验步骤。

a）试剂配制。50mmol/L PBS（pH＝7.8）。配制母液 A：称取磷酸氢二钠 17.907g 用水溶解，定容至 1L；配制母液 B：称取磷酸二氢钠 3.9g 用水溶解，定容至 500mL；取 90mL 母液 A＋100mL 母液 B 定容至 1L。

酶提取缓冲液：在 1L 50mmol/L PBS（pH＝7.8）中加入 292mg EDTA 和 20g PVP，保存至 4℃ 条件。

100mmol/L H_2O_2 溶液：取 1.024mL 原液，定容至 100mL。

0.2mmol/L PBS 冲液（pH＝7.8）。配制母液 A：称取磷酸氢二钠 35.814g 用水溶解，定容至 500mL；配制母液 B：称取磷酸二氢钠 3.12g 用水溶解，定容至 100mL；取 457.5mL 母液 A＋42.5mL 母液 B，定容至 500mL。

b）粗酶液提取。同超氧化物歧化酶中粗酶液提取。

c）配制反应液和测定。取 0.2mL 酶提取液、1.5mL 的 0.2mmol/L PBS 冲液（pH＝7.8）和 1.0mL 蒸馏水加入比色皿中。以加入蒸馏水的试管作为空白对照。

在比色皿中加入 0.3mL 的 100mmol/L H_2O_2 溶液，在 240nm 下测定其吸光度，每隔 1min 读数 1 次，共测定 5 次并记录。

注意事项：100mmol/L H_2O_2 溶液须避光且现用现配。酶提取液加入量以使吸光值大部分处在 0.2～0.8 为标准，如果达不到此范围，可以考虑增加或减少酶提取液的量。

d）根据公式计算 CAT 活性。

CAT 活性 $[U/(g \cdot min)] = \Delta A_{240} \cdot V_t / (W \cdot V_s \cdot 0.1 \cdot t)$

ΔA_{240} 为反应时间内吸光度的变化；W 为样品质量（g）；t 为反应时间（min）；V_t 为提取酶液总体积（mL）；V_s 为测定时取用酶液体积（mL）。以每分钟 A_{240} 减少 0.1 为 1 个过氧化氢酶活性单位（U）。

七、抗坏血酸过氧化物酶（APX）

（1）含义和功能。 APX（Ascorbate Peroxidase）是以抗坏血酸

为电子供体的转移性强的过氧化物酶，是植物清除活性氧的重要抗氧化酶之一。在细胞内它的同工酶定位于 4 个不同的区域：叶绿体中的基质 APX（sAPX）、类囊体膜 APX（tAPX）、微体 APX（mbAPX）和胞质 APX（cAPX），对于叶绿体等细胞器清除 H_2O_2 具有重要作用。

（2）测定方法。

①试验原理。APX 可以催化 H_2O_2 氧化抗坏血酸（ASA）的过程，通过测定 ASA 氧化速率，即可计算得到 APX 活性。

②试验步骤。

a）试剂配制。50mmol/L PBS（pH＝7.8）。配制母液 A：称取磷酸氢二钠 17.907g 用水溶解，定容至 1L；配制母液 B：称取磷酸二氢钠 3.9g 用水溶解，定容至 500mL；取 90mL 母液 A＋100mL 母液 B 定容至 1L。

酶提取缓冲液：在 1L 50mmol/L PBS（pH＝7.8）中加入 292mg EDTA 和 20g PVP，保存至 4℃条件。

ASA 母液配制：称取 44.03mg 抗坏血酸溶于 5mL 50mmol/L PBS（pH＝7.8）。

EDTA-Na$_2$ 母液配制：称取 37.2mg EDTA-Na$_2$ 溶于 5mL 50mmol/L PBS（pH＝7.8）。

b）粗酶液提取。同超氧化物歧化酶中粗酶液提取。

c）配制反应液和测定。APX 反应液配制：100mL 50mmol/L PBS（pH＝7.8）中加入 11μL 30％ H_2O_2（终浓度 1mmol/L）、0.5mL ASA 母液（终浓度 0.25mmol/L）和 0.5mL EDTA-Na$_2$ 母液（终浓度 0.1mmol/L）。

取上清液 100μL 加入比色杯中（对照组加 100μL 提取液），加 3mL 反应液，马上读 290nm 波长下的 OD 值并计时，每隔 1min 读 1 次（读 0、1、2、3min 的 OD 值）。

d）根据公式计算 APX 活性。

APX 总活性：ΔOD_{290}（min・g）＝（$\Delta OD_{290} \cdot V$）/（$a \cdot W \cdot t$）

式中：V 为提取液总体积（mL）；a 为测定时取用上清液体积（mL）；W 为样品质量（g）；t 为反应时间（min）。

第三节 壮苗评价标准

在种苗实际生产中，一般通过目测外观形态和有无病虫害来评判蔬菜穴盘苗的质量。集约化育苗企业的种苗质量一般会在合同中进行约定，种苗苗龄大小、是否现蕾等因客户需求会有较大变化，评判时主要依赖经验。2010 年前后的行业标准和地方标准中也一般遵循上述原则，以种苗生产技术规程标准为主体内容，其中会单独列出 1～2 部分，对成品苗质量进行描述性评价，对其中部分可量化指标给出指导范围。2018 年前后，随着农业行业和地方主管部门更加重视高质量发展，陆续组织开展了种苗质量的评价和监管方面的相关工作，并出台了部分包含种苗质量评价的专项标准或含种苗质量和分级要求的全产业链蔬菜生产标准。

在全国各地出台的蔬菜育苗标准中，内容往往以当地生产的主要育苗蔬菜作物品种和育苗方式为主。茄果类、瓜类是我国育苗量最大的两类作物，行业及地方已出台标准的作物品种主要包括番茄、辣椒、茄子、黄瓜、西瓜、甜瓜等，其他叶菜类、甘蓝类、葱等蔬菜品种育苗相关标准较少；出台标准的育苗方式以基质穴盘苗为主，以及相关的嫁接育苗技术，也有营养钵育苗、漂浮育苗等育苗方式。

一、通则类育苗标准

通则类育苗标准一般对穴盘育苗全部操作技术和流程进行描述和规定，其中有 1～2 部分内容专门对成苗质量进行规范，代表性标准如表 3-1。

表 3-1 通则类育苗标准列表

类型	标准名称	发布年份	种苗质量内容
地方标准（宁夏）	《DB64/T 736 无公害农产品 蔬菜穴盘育苗技术规程》	2011	商品苗标准
地方标准（浙江）	《DB33/T 873 蔬菜穴盘育苗技术规程》	2012	成苗质量

（续）

类型	标准名称	发布年份	种苗质量内容
行业标准	《NY/T 2119 蔬菜穴盘育苗 通则》	2012	成品苗要求、成品苗检验
地方标准（辽宁）	《DB21/T 2657 蔬菜工厂化育苗技术规程 总则》	2016	苗龄与壮苗标准
地方标准（重庆）	《DB50/T 1084 蔬菜基质穴盘育苗技术规程》	2021	壮苗指标

成品苗描述性评价指标主要有：形态指标、种苗的整齐度、病虫害发生情况和机械损伤、定植成活率等。行业标准描述为：茎秆粗壮，子叶完整、叶色浓绿、生长健壮；根系嫩白密集，根毛浓密，根系将基质紧紧缠绕，形成完整根坨；无病虫害和机械损伤；整盘幼苗整齐一致。

盘根松散率的判定一般是将苗取出，自地面 50cm 左右高处将苗自由落下，根系与基质不散开，即判定为不松散。

成品苗量化评价指标一般会对茬口、穴盘规格、日历苗龄和生理苗龄等进行规定，辽宁省地方标准还规定定植成活率：自根苗 98%，嫁接苗 96%，如表 3-2 所示。

表 3-2a 部分蔬菜适宜苗龄及商品幼苗成苗要求

序号	蔬菜种类	育苗季节	苗龄（d）	成苗要求（叶片数）
1	大白菜	夏秋季	30~35	5~6
2	结球甘蓝	夏秋季	40~45	6~7
3	菜花	夏秋季	40~45	6~7
4	茄子	冬春	80~110	8~10
5	茄子	春夏	60~75	7~9
6	辣椒	冬春	70~100	10~12
7	辣椒	春秋	30~40	6~7
8	番茄	冬春	70~90	8~10
9	番茄	春秋	50~60	7~9

（续）

序号	蔬菜种类	育苗季节	苗龄（d）	成苗要求（叶片数）
10	黄瓜	春季	30~40	4~5
11	黄瓜	夏秋	15~20	3~4
12	西葫芦	春季	30~35	4~5
13	芹菜	夏秋季	50~60	4~5

注：来源《DB50/T 1084 蔬菜基质穴盘育苗技术规程》。

表 3-2b 日历苗龄和成苗

蔬菜种类	穴盘规格（孔）	苗龄（d）	成苗标准（叶片数）
早春茬黄瓜	72	20~25	2~3
秋冬茬黄瓜	72	15~20	2~3
西瓜	72	25~30	2~3
甜瓜	72	20~25	2~3
春辣椒	72	45~60	5~6
夏秋辣椒	72	40~45	6~7
春茄子	72	45~60	5~6
秋茄子	72	40~45	4~5
春番茄	72	35~40	3~4
夏秋番茄	72	25~30	4~5
甘蓝	128	25~30	5~6
芹菜	128	70~80	7~8

注：来源《DB64/T 736 无公害农产品 蔬菜穴盘育苗技术规程》。

表 3-2c 主要蔬菜商品苗推荐穴盘孔数与苗龄

作物	穴盘孔	育苗天数（d）	叶片数	作物	穴盘孔	育苗天数（d）	叶片数
黄瓜	50、72	20~30	3~4	西瓜	50、72	30~40	3~4
辣椒	72、128	30~45	6~8	菜花、甘蓝	98、128	25~30	5~6
茄子	50、72	30~50	5~6	白菜	128、200	15~20	3~4
番茄	72、128	夏25~冬50	4~5	西芹	98、128	45~55	5~6

（续）

作物	穴盘孔	育苗天数（d）	叶片数	作物	穴盘孔	育苗天数（d）	叶片数
甜瓜	50、72	30～35	3～4	生菜	98、128	35～40	4～5

注：来源《DB21/T 2657 蔬菜工厂化育苗技术规程 总则》。

二、茄果类育苗标准

（1）**整体育苗标准。**部分行业标准或地方标准对茄果类整体的蔬菜育苗技术和流程进行了规范，大多数地方标准则对番茄、茄子、辣椒等具体某种茄果类蔬菜育苗技术和流程进行规范，同样会具体包含1～2部分内容专门对成苗质量进行规定，茄果类蔬菜整体穴盘育苗代表性标准如表3-3所示。

表3-3 茄果类整体穴盘育苗代表性标准列表

类型	标准名称	发布年份	种苗质量内容
地方标准（武汉）	《DB4201/T 415 茄果类蔬菜嫁接工厂化穴盘育苗技术规程》	2011	出圃标准
行业标准	《NY/T 2312 茄果类蔬菜穴盘育苗技术规程》	2013	成苗质量要求、成苗质量检验
地方标准（重庆）	《DB50/T 1107 茄果类蔬菜（番茄、茄子）嫁接苗生产技术规程》	2021	壮苗指标

与上述通则类穴盘苗成苗标准类似，茄果类育苗标准中对成品苗或壮苗的描述性评价指标也主要有形态指标、病虫害和机械损伤等。行业标准描述为：子叶完整、叶色正常；根系嫩白密集，根毛浓密，根系将基质紧紧缠绕，形成完整根坨；无机械损伤，无病虫害。

行业标准中成坨情况检验也一般是将穴盘苗取出，自地面50cm左右高处自由落下，根系与基质不散开，即为成坨。

与通则类穴盘苗成苗标准相比，茄果类成品苗或壮苗质量评价量化指标主要为苗龄要求，如《DB50/T 1107 茄果类蔬菜（番茄、茄子）嫁接苗生产技术规程》中规定，番茄嫁接苗壮苗应有6～8片真叶，茄子嫁接苗壮苗标准为4叶1心。除此之外，行业标准还具体对株高、茎粗等进行了规定，如表 3-4 所示。

表 3-4　茄果类蔬菜成苗质量要求

蔬菜种类	株高（cm）	茎粗（cm）	叶片数
番茄	12～17	＞3	4～5
茄子	12～15	＞3	4～5
辣椒	12～20	＞2	6～7

注：来源《NY/T 2312　茄果类蔬菜穴盘育苗技术规程》。

（2）番茄育苗标准。番茄作为主要育苗作物之一，行业标准及相关地方标准较多，辽宁、广西、山东、河北、内蒙古等地都出台了番茄育苗技术规程、番茄种苗质量标准或含种苗要求的番茄全产业链生产技术规范（表 3-5）。

表 3-5　番茄育苗标准列表

类型	标准名称	发布年份	种苗质量内容
地方标准（宁夏）	《DB64/T 890　番茄集约化穴盘育苗技术规程》	2013	壮苗指标
地方标准（辽宁）	《DB21/T 1800　番茄适龄壮苗生产技术规程》	2016	穴盘育苗苗龄与商品苗标准，营养钵育苗炼苗
地方标准（西安）	《DB6101/T 151　番茄穴盘基质育苗技术规程》	2018	春夏季、夏秋季栽培壮苗指标
地方标准（广西）	《DB45/T 1901　番茄集约化穴盘育苗技术规程》	2018	商品苗质量
地方标准（河北）	《DB13/T 2776.1　集约化生产蔬菜种苗质量　第 1 部分：番茄》	2018	壮苗指标
地方标准（山东）	《DB37/T 1961　番茄穴盘嫁接育苗技术规程》	2019	成苗标准及检验方法
地方标准（内蒙古）	《DB15/T 2029　加工番茄育苗技术规程》	2020	商品苗标准
行业标准	《NY/T 3744　日光温室全产业链管理技术规范　番茄》	2020	种苗要求
地方标准（辽宁）	《DB21/T 3417　设施番茄育苗及绿色生产技术规程》	2021	成苗标准

生产技术标准中，番茄商品苗描述性指标主要包括形态指标，病虫（药、肥）害和机械损伤等。一般内容为：幼苗整齐一致，子叶完整、叶色浓绿，茎秆粗壮，根系发达，无病虫害、药害、肥害症状，无机械损伤。西安地方标准还要求春夏季栽培的番茄苗应现大蕾，辽宁地方标准则要求冬春季育苗初现花蕾。

根系状况一般要求根毛嫩白浓密，根系将基质紧紧缠绕，成苗从穴盘拔起时不出现散坨现象。可层层摆放在纸箱，远距离运输。山东地方标准中对盘根松散率的判定方法为：将苗取出自地面高30cm处自由落下，根系与基质不散开，即为不松散。

番茄商品苗或壮苗质量量化指标一般会对株高、茎粗、茎节间长、下胚轴长、日历苗龄、叶片数、花蕾大小等进行规定，辽宁省地方标准还规定定植成活率：自根苗98%，嫁接苗96%，见表3-6。

表3-6a 番茄种苗质量量化标准内容列表

标准名称	种苗质量量化要求
《DB21/T 1800 番茄适龄壮苗生产技术规程》	穴盘苗标准见表3-6b。营养钵育苗：冬春育苗5~8片叶，株高15~20cm，茎粗0.6cm以上，日历苗龄60~70d；夏秋育苗4叶1心，株高15cm左右，茎粗0.4cm左右，日历苗龄21~28d
《DB6101/T 151 番茄穴盘基质育苗技术规程》	春夏季栽培：株高25cm，茎粗0.6cm以上，日历苗龄60d左右；夏秋季栽培：4叶1心，株高20cm，茎粗0.5cm，日历苗龄30d左右
《DB45/T 1901 番茄集约化穴盘育苗技术规程》	株高12~17cm，茎粗>0.3cm，叶片数4~5片
《DB13/T 2776.1 集约化生产蔬菜种苗质量 第1部分：番茄》	自根苗冬春季：5叶1心至6叶1心，夏秋季：4叶1心至5叶1心；株高115.0~160.0mm，茎粗≥3.5mm，茎节间长15.0~35.0mm。嫁接苗株高110.0~155.0mm，砧木高度45.0~70.0mm，茎粗≥3.4mm；接穗3叶1心至5叶1心，高度60.0~100.0mm，茎粗≥3.0mm，茎节间长15.0~40.0mm

（续）

标准名称	种苗质量量化要求
《DB37/T 1961 番茄穴盘嫁接育苗技术规程》	品种纯度≥98%，株高 10～12 cm，茎粗 4～6 mm，3 叶 1 心或 4 叶 1 心
《DB15/T 2029 加工番茄育苗技术规程》	株高 12～18cm，茎粗 0.3～0.4cm 或更粗，苗龄 45～55d

表 3-6b 番茄穴盘无土育苗商品苗标准

季节	穴盘孔数	株高（cm）	茎粗（mm）	叶片数	花蕾大小	日历苗龄（d）
冬春季	72	18～20	4～5	6～7	见小花蕾	50～60
	128	10～12	2.5～3	4～5	无	40～50
	288	7～9	1.5～1.8	1～2	无	15～20
夏季	72～128	13～15	2.5～3.5	5～6	少见小花蕾	18～25

注：来源《DB21/T 1800 番茄适龄壮苗生产技术规程》。

2020 年出台的行业标准《NY/T 3744 日光温室全产业链管理技术规范 番茄》对番茄商品苗评价指标增加了来源和品种信息明确的要求，并将种苗按照自根苗和嫁接苗分别进行了分级，要求在生产中优选一级苗，淘汰不满足一级和二级要求的弱苗（表 3-7）。

表 3-7a 番茄自根苗分级要求

指 标		种苗等级	
		一级	二级
株高，mm	3 叶 1 心	120～160	100～119 或 161～180
	4 叶 1 心	130～170	110～129 或 171～190
	5 叶 1 心	140～180	120～139 或 181～200
茎粗，mm		3.5～5.5	3.0～3.4
下胚轴长，mm		40～60	35～39 或 61～65
种苗整齐度指数		≤0.10	≤0.20

注 1：选用规格 52 cm×28 cm×4.5cm 的 50 孔穴盘。

注 2：育苗基质符合 NY/T 2118 的规定。

注 3：株高、茎粗、下胚轴长和种苗整齐度指数的检测方法见本标准附录 A。

注：来源《NY/T 3744 日光温室全产业链管理技术规范 番茄》。

表 3 - 7b 番茄嫁接苗分级要求

指　标		种苗等级	
		一级	二级
株高，mm	4 叶 1 心	130～170	110～129 或 171～190
	5 叶 1 心	140～180	120～139 或 181～200
	6 叶 1 心	150～190	130～149 或 191～210
茎粗，mm		4.0～6.0	3.5～3.9
嫁接口高度，mm		40～60	35～39 或 61～65
种苗整齐度指数		≤0.10	≤0.20

注 1：穴盘和基质同表 3 - 7a。

注 2：嫁接砧木选择抗病性、亲和性和共生性强，根系发达，有利于提高品质的品种。

注 3：株高、茎粗、嫁接口高度和种苗整齐度指数的检测方法见本标准附录 A。

注：来源《NY/T 3744　日光温室全产业链管理技术规范　番茄》。

（3）辣椒育苗标准。辣椒也是主要的育苗作物之一，相关地方标准较多，辽宁、江苏、贵州、安徽、河北等地都出台了辣椒育苗技术规程，宁夏、贵州和辽宁等地根据各自生产实际，按照嫁接育苗、工厂化育苗、漂浮育苗等不同技术要求，出台了 2 个以上的辣椒育苗技术标准，其中包含壮苗质量评价指标（表 3 - 8）。

表 3 - 8 辣椒育苗地方标准列表

类型	标准名称	发布年份	种苗质量内容
地方标准（江苏）	《DB32/T 1652　辣椒大棚有机基质穴盘育苗技术规程》	2010	壮苗指标
地方标准（辽宁）	《DB21/T 2190　辣椒工厂化育苗技术规程》	2013	辣椒优质种苗的标准
地方标准（宁夏）	《DB64/T 891　辣椒集约化穴盘育苗技术规程》	2013	壮苗指标
地方标准（宁夏）	《DB64/T 895　辣椒嫁接穴盘育苗技术规程》	2013	壮苗标准
地方标准（贵州）	《DB52/T 961　贵州辣椒营养土育苗技术规程》	2014	壮苗标准

（续）

类型	标准名称	发布年份	种苗质量内容
地方标准（贵州）	《DB52/T 962 辣椒漂浮育苗技术规程》	2014	壮苗标准
地方标准（辽宁）	《DB21/T 1802 辣椒适龄壮苗生产技术规程》	2016	穴盘育苗苗龄与商品苗标准，营养钵育苗壮苗指标
地方标准（辽宁）	《DB21/T 3042 辣椒嫁接育苗技术规程》	2018	嫁接苗成苗标准
地方标准（河北）	《DB13/T 2776.2 集约化生产蔬菜种苗质量 第2部分：辣椒》	2018	壮苗指标
地方标准（安徽）	《DB34/T 3667 夏季辣椒基质育苗技术规程》	2020	成品苗标准
地方标准（河北）	《DB13/T 5421 辣椒工厂化嫁接育苗技术规程》	2021	壮苗指标

辣椒商品苗描述性评价指标主要包括：形态指标、机械损伤、病虫害发生情况等。一般描述为：幼苗整齐一致，符合品种特征，茎粗壮，子叶完好、叶色深绿，根系白色、发达，根系将基质紧紧缠绕，形成完整根坨，无病虫害、药害、肥害症状，无机械损伤，砧木与接穗嫁接处愈合完好。辽宁地方标准还要求冬春季育苗现花蕾。

辣椒商品苗质量量化指标一般会对整齐度、穴盘规格、株高、茎粗、叶片数、日历苗龄、现蕾程度等进行规定；河北嫁接苗标准还对嫁接愈合度进行了规定，辽宁省地方标准则规定定植成活率：自根苗98%，嫁接苗96%，具体内容见表3-9。

表3-9a 辣椒种苗质量量化标准内容列表

标准名称	种苗质量量化要求
《DB32/T 1652 辣椒大棚有机基质穴盘育苗技术规程》	春提早苗高 15～18cm，茎粗 0.5cm 左右，叶片数 8～10，苗龄 100d；秋延后苗高 15～18cm，茎粗 0.3cm 左右，叶片数 8～10，苗龄 30d

（续）

标准名称	种苗质量量化要求
《DB21/T 2190　辣椒工厂化育苗技术规程》	生理苗龄在 4 叶 1 心至 6 叶 1 心，株高 12～16cm，基茎粗度 0.3cm 以上
《DB64/T 895　辣椒嫁接穴盘育苗技术规程》	嫁接苗株高 18～20cm，茎粗 0.3～0.4cm，接穗 5～6 片叶
《DB52/T 961　贵州辣椒营养土育苗技术规程》	显蕾株高 15～20cm，茎粗 0.4～0.5cm，节长 2～4cm，有 8～12 片真叶
《DB52/T 962　辣椒漂浮育苗技术规程》	生理苗龄 5～6 片真叶，茎粗 0.3cm 左右
《DB21/T 1802　辣椒适龄壮苗生产技术规程》	穴盘苗标准见表 3-9b。营养钵育苗：冬春季育苗，茎基粗壮，不小于 3mm，真叶 10 片，80%现小花蕾，株高 18～20cm，日历苗龄 60～70d；夏秋季育苗为 5 叶 1 心，株高 15cm 左右，茎粗 0.4cm 左右，日历苗龄 35～45d
《DB21/T 3042　辣椒嫁接育苗技术规程》	符合 NY/T 2312—2013 的规定
《DB13/T 2776.2　集约化生产蔬菜种苗质量　第 2 部分：辣椒》	自根苗生理苗龄 7 叶 1 心至 9 叶 1 心，株高 100.0～155.0mm，茎粗≥2.6mm，茎节间长 20.0～40.0mm；嫁接苗株高 90.0～125.0mm，砧木高度 50.0～65.0mm，茎粗≥3.1mm；接穗 5 叶 1 心至 7 叶 1 心，高度 35.0～60.0mm，茎粗≥2.9mm，茎节间长 8.0～20.0mm
《DB34/T 3667　夏季辣椒基质育苗技术规程》	苗龄 30～35d，株高 15～20cm，具有 6～7 片真叶
《DB13/T 5421　辣椒工厂化嫁接育苗技术规程》	具有 5～8 片展开叶，嫁接口愈合度≥80%

表 3-9b　辣椒穴盘无土育苗商品苗标准

季节	穴盘孔数	株高（cm）	茎粗（mm）	叶片数	花蕾大小	日历苗龄（d）
冬春季	50、72	18～20	4～5	7～9	少见花蕾	50～60
	98、128	18～20	2.5～3	8～10	很少见花蕾	60～70

（续）

季节	穴盘孔数	株高 （cm）	茎粗 （mm）	叶片数	花蕾大小	日历苗龄 （d）
夏季	50、72、128	13～15	2.5～3.5	5～6	很少见花蕾	35～45

注：来源《DB21/T 1802　辣椒适龄壮苗生产技术规程》

（4）茄子育苗标准。茄子也是主要育苗作物之一，但相关地方标准不多，辽宁、河北、山东等地都出台了茄子工厂化育苗技术规程、茄子种苗质量标准或嫁接育苗技术规程（表 3 - 10）。

表 3 - 10　茄子育苗地方标准列表

类型	标准名称	发布年份	种苗质量内容
地方标准（辽宁）	《DB21/T 2192　茄子工厂化育苗技术规程》	2013	茄子工厂化育苗的出圃标准
地方标准（宁夏）	《DB64/T 896　茄子嫁接穴盘育苗技术规程》	2013	壮苗标准
地方标准（河北）	《DB13/T 2776.3　集约化生产蔬菜种苗质量　第 3 部分：茄子》	2018	壮苗指标
地方标准（山东）	《DB37/T 1962　茄子穴盘嫁接育苗技术规程》	2019	成苗标准及检验方法

生产技术标准中，茄子商品苗描述性指标主要包括：形态指标、病虫（药、肥）害和机械损伤等。一般内容为：幼苗整齐一致，符合品种特征，子叶完整、叶片浓绿，茎秆粗壮，节间正常，根系发达，无病虫害、药害、肥害症状，无机械损伤，嫁接苗愈合良好。根系状况一般要求根毛嫩白浓密，根系将基质紧紧缠绕，成苗从穴盘拔起时不出现散坨现象。

茄子商品苗或壮苗质量量化指标一般会对株高、茎粗、茎节间长、日历苗龄、叶片数等进行规定，见表 3 - 11。

表3-11　茄子种苗质量量化标准内容列表

标准名称	种苗质量量化要求
《DB21/T 2192　茄子工厂化育苗技术规程》	自根苗株高 12～18cm，茎粗 0.35cm 以上，3 叶 1 心至 4 叶 1 心；嫁接苗株高 15～20cm，砧木高度 5～8cm，砧木粗 0.4cm 以上，2 叶 1 心至 4 叶 1 心
《DB64/T 896　茄子嫁接穴盘育苗技术规程》	嫁接苗株高 18～20cm，茎粗 0.4～0.6cm，6～7 片叶
《DB13/T 2776.3　集约化生产蔬菜种苗质量　第 3 部分：茄子》	自根苗 4 叶 1 心至 6 叶 1 心，株高 100.0～160.0mm，茎粗≥3.0mm，茎节间长 15.0～30.0mm；嫁接苗株高 105.0～150.0mm，砧木高度 35.0～55.0mm，茎粗≥3.0mm；接穗 4 叶 1 心至 7 叶 1 心，高度 70.0～95.0mm，茎粗≥3.2mm，茎节间长 7.0～20.0mm
《DB37/T 1962　茄子穴盘嫁接育苗技术规程》	冬春季苗龄 60～70d，夏秋季苗龄 50～60d；品种纯度≥98%，株高 12～15cm，茎粗 3～4mm，4～5 片真叶

三、瓜类育苗标准

（1）瓜类通用育苗标准。瓜类通用育苗标准相对较少，主要有安徽、重庆等地出台的地方标准，规定了瓜类蔬菜嫁接苗或工厂化育苗生产技术规程（表3-12）。

表3-12　瓜类整体育苗标准列表

类型	标准名称	发布年份	种苗质量内容
地方标准（安徽）	《DB34/T 1825　瓜类蔬菜工厂化育苗技术规程》	2013	成苗标准
地方标准（重庆）	《DB50/T 1106　瓜类蔬菜（黄瓜、苦瓜）嫁接苗生产技术规程》	2021	壮苗指标

瓜类成苗或壮苗描述性评价指标主要包括：形态指标、病虫害和机械损伤等。一般描述为：子叶完整、叶片肥厚、叶色浓绿；茎粗壮，节间短；根系发育良好，须根发达，基质被根系包裹；无病虫

害，无损伤；嫁接苗还会要求接口愈合正常，接穗和砧木子叶均未脱落。

瓜类壮苗质量量化指标一般会对株高、茎粗、真叶数等进行规定，如表 3-13 所示。《DB50/T 1106 瓜类蔬菜（黄瓜、苦瓜）嫁接苗生产技术规程》中则只规定，嫁接壮苗量化标准为有 3～4 片真叶。

表 3-13 瓜类蔬菜壮苗指标

作物名称	苗龄（d）	株高（cm）	真叶数	其他性状
黄瓜	15～30	10～15	3～4	子叶完整，叶片肥厚，叶色浓绿，
甜瓜	15～30	10～15	2～4	茎粗壮，节间短，根系发育良好，
西瓜	25～35	10～15	2～4	须根发达，基质被根系包裹，无病虫害。

注：来源《DB34/T 1825 瓜类蔬菜工厂化育苗技术规程》。

（2）黄瓜育苗标准。黄瓜是瓜类作物中最主要的育苗作物之一，相关行业标准和地方标准较多，山东、辽宁、河北等地相继出台了黄瓜育苗技术规程、全产业链管理技术规程及种苗质量标准等（表 3-14）。

表 3-14 黄瓜育苗标准列表

类型	标准名称	发布年份	种苗质量内容
地方标准（山东）	《DB37/T 1429 黄瓜集约化嫁接育苗技术规程》	2009	成品苗标准
地方标准（辽宁）	《DB21/T 2191 黄瓜工厂化育苗技术规程》	2013	黄瓜工厂化育苗出圃标准
地方标准（宁夏）	《DB64/T 894 黄瓜集约化穴盘育苗技术规程》	2013	壮苗指标
地方标准（辽宁）	《DB21/T 1801 黄瓜适龄壮苗生产技术规程》	2016	苗龄与商品苗标准
地方标准（河北）	《DB13/T 2776.4 集约化生产蔬菜种苗质量 第 4 部分：黄瓜》	2018	壮苗指标
行业标准	《NY/T 3745 日光温室全产业链管理技术规范 黄瓜》	2020	种苗要求

（续）

类型	标准名称	发布年份	种苗质量内容
地方标准（辽宁）	《DB21/T 3418　设施黄瓜育苗及绿色生产技术规程》	2021	成苗形态标准

商品苗或壮苗描述性评价指标主要包括：形态指标、病虫害、机械损伤等。一般描述为：幼苗整齐一致，子叶完整、叶色浓绿，茎秆粗壮，根系发达，无病虫害、药害、肥害症状，无机械损伤。辽宁省《DB21/T 3418　设施黄瓜育苗及绿色生产技术规程》标准中还规定种苗大小及苗龄应根据客户需要，出圃种苗无品种混杂现象。此外，对根系还要求：根将基质紧紧缠绕，苗子从穴盘拔起时不出现散坨现象，可层层排放在纸箱内，远距离运输。

黄瓜商品苗或壮苗质量量化指标一般会对株高、茎粗、叶片数、日历苗龄等进行规定，辽宁省地方标准还规定其定植成活率：自根苗98%，嫁接苗96%，见表3-15。

表3-15a　黄瓜种苗质量量化标准内容列表

标准名称	种苗质量量化要求
《DB37/T 1429　黄瓜集约化嫁接育苗技术规程》	1叶1心，砧木下胚轴长4~6cm，接穗茎直径0.35~0.4cm，株高10~15cm，苗龄20~30d
《DB21/T 2191　黄瓜工厂化育苗技术规程》	自根苗株高14~18cm，茎粗0.4cm以上，2叶1心至3叶1心；嫁接苗株高12~16cm，砧木高度5~8cm，砧木粗0.4cm以上，1叶1心至2叶1心
《DB21/T 1801　黄瓜适龄壮苗生产技术规程》	苗龄指标见表3-15b
《DB13/T 2776.4　集约化生产蔬菜种苗质量　第4部分：黄瓜》	自根苗1叶1心至2叶1心，株高60.0~100.0mm，上胚轴长40.0~60.0mm，上胚轴粗≥3.0mm，茎粗≥3.0mm，茎节间长15.0~35.0mm；嫁接苗株高85.0~130.0mm，砧木高度45.0~65.0mm，上胚轴粗≥4.3mm；接穗1叶1心至2叶1心，上胚轴长≤50.0mm，上胚轴粗≥2.7mm，茎节间长15.0~35.0mm

（续）

标准名称	种苗质量量化要求
《DB21/T 3418　设施黄瓜育苗及绿色生产技术规程》	无具体量化指标

表 3 - 15b　黄瓜无土穴盘商品苗标准

季节	穴盘孔数	株高（cm）	茎粗（mm）	叶片数	花蕾大小	日历苗龄（d）
	50、72	13～15	4～5	4～6	见很小花蕾	40～50
冬春季	98、128	12～15	2.5～3	3～5	见很小花蕾	30～40
	200	8～10	1.5～2.0	真叶顶心	无	10～15
夏季	50、72、128	15～18	3.5～4.5	2～5	见很小花蕾	21～25

注：来源《DB21/T 1801　黄瓜适龄壮苗生产技术规程》。

2020 年出台的行业标准《NY/T 3745　日光温室全产业链管理技术规范　黄瓜》对黄瓜商品苗评价指标增加了来源和品种信息明确的要求，并将黄瓜种苗按照自根苗和嫁接苗分别进行了分级，要求在生产中优选一级苗，淘汰不满足一级和二级要求的弱苗（表 3 - 16）。

表 3 - 16a　黄瓜自根苗分级要求

指　标		种苗等级	
		一级	二级
株高，mm	2 叶 1 心	90～130	70～89 或 131～150
	3 叶 1 心	100～140	80～99 或 141～160
	4 叶 1 心	110～150	90～109 或 151～170
茎粗，mm		3.0～5.0	2.5～2.9
下胚轴长，mm		40～60	35～39 或 61～65
种苗整齐度指数		≤0.10	≤0.20

注 1：选用规格 52cm×28cm×4.5cm 的 50 孔穴盘。
注 2：育苗基质符合 NY/T 2118 的规定。
注 3：株高、茎粗、下胚轴长和种苗整齐度指数的检测方法见本标准附录 A。

注：来源《NY/T 3745　日光温室全产业链管理技术规范　黄瓜》。

表 3 - 16b　黄瓜嫁接苗分级要求

指　标		种苗等级	
		一级	二级
株高，mm	1 叶 1 心	80～120	60～79 或 121～140
	2 叶 1 心	90～130	70～89 或 131～150
	3 叶 1 心	100～140	80～99 或 141～160
茎粗，mm		2.5～4.0	2.0～2.4
嫁接口高度，mm		40～60	35～39 或 61～65
种苗整齐度指数		≤0.10	≤0.20

注 1：穴盘和基质同表 3 - 16a。

注 2：嫁接砧木选择抗病性、亲和性和共生性强，根系发达，有利于提高品质的品种。

注 3：株高、茎粗、嫁接口高度和种苗整齐度指数的检测方法见本标准附录 A。

注：来源《NY/T 3745　日光温室全产业链管理技术规范　黄瓜》。

(3) 西瓜育苗标准。西瓜是主要育苗作物之一，且一般需要嫁接育苗，相关地方标准较多，山东、海南、宁夏、辽宁、南京等地都出台了西瓜穴盘育苗或嫁接育苗技术规程，河北则出台了专项西瓜种苗质量标准（表 3 - 17）。

表 3 - 17　西瓜育苗标准列表

类型	标准名称	发布年份	种苗质量内容
地方标准（山东）	《DB37/T 1341　西瓜工厂化嫁接育苗技术规程》	2009	嫁接成品苗形态标准
地方标准（海南）	《DB46/T 165　西瓜嫁接育苗技术规程》	2009	西瓜嫁接苗质量标准
地方标准（宁夏）	《DB64/T 893　西瓜集约化穴盘育苗技术规程》	2013	壮苗标准
地方标准（山东）	《DB37/T 2545　西瓜集约化嫁接育苗技术规程》	2014	西瓜嫁接苗质量标准
地方标准（辽宁）	《DB21/T 1803　西瓜适龄壮苗生产技术规程》	2016	（穴盘苗）壮苗标准、（营养钵）壮苗指标

（续）

类型	标准名称	发布年份	种苗质量内容
地方标准（河北）	《DB13/T 2776.5 集约化生产蔬菜种苗质量 第5部分：西瓜》	2018	壮苗指标
地方标准（南京）	《DB3201/T 1013 西瓜嫁接育苗技术规程》	2020	商品苗壮苗标准

　　西瓜商品苗描述性评价指标主要包括：形态外观指标、病虫害和机械损伤等。一般描述为：嫁接部位愈合良好，接穗、砧木子叶完整，茎秆粗壮，节间短，叶色深绿；根系发达，将基质紧密缠绕形成完整根坨；无机械损伤，无病虫害、药害、肥害症状。海南地方标准还规定西瓜嫁接商品苗应不带有国家规定检疫对象的有害生物。

　　河北省的西瓜种苗质量标准中也要求幼苗整齐一致，符合品种特征。顶尖部位茸毛密集，心叶健康，纵向半抱合，舒展上冲。根部嫁接口位置没有气生根。

　　西瓜嫁接商品苗质量量化指标一般会对苗龄、株高、茎粗、叶片数、日历苗龄、上胚轴长、上胚轴粗和茎节间长等进行规定。辽宁省地方标准还规定穴盘嫁接苗定植成活率应达96％，自根苗应达成活率98％，见表3-18。

表3-18　西瓜种苗质量量化标准内容列表

标准名称	种苗质量量化要求
《DB37/T 1341 西瓜工厂化嫁接育苗技术规程》	2～3片展平真叶，茎粗4.0～5.0mm，株高15cm左右，春季苗龄28～38d，秋季苗龄24～28d
《DB46/T 165 西瓜嫁接育苗技术规程》	嫁接苗有1～3片健康真叶，接穗品种的纯度不低于95％
《DB64/T 893 西瓜集约化穴盘育苗技术规程》	具有3～4片真叶，子叶部位茎粗0.4～0.5cm
《DB37/T 2545 西瓜集约化嫁接育苗技术规程》	接穗2叶1心，株高15cm左右

（续）

标准名称	种苗质量量化要求
《DB21/T 1803 西瓜适龄壮苗生产技术规程》	（穴盘苗）日历苗龄 25～40d，株高 18～20cm，真叶 4～6 片。（营养钵）冬春季育苗，株高 15cm 左右，5～6 片叶，茎粗 0.4cm，35～45d 育成；夏秋季育苗，2～3 片叶，株高 12cm 左右，20d 左右育成
《DB13/T 2776.5 集约化生产蔬菜种苗质量 第5部分：西瓜》	自根苗 2 叶 1 心至 4 叶 1 心，株高 50.0～75.0mm，上胚轴长 28.0～50.0mm，上胚轴粗≥3.5mm，茎粗≥2.2mm，茎节间长≤20.0mm；嫁接苗株高 100.0～155.0mm，砧木高度 45.0～80.0mm，上胚轴粗≥4.5mm；接穗 2 叶 1 心至 4 叶 1 心，上胚轴长≤50.0mm，上胚轴粗≥3.0mm
《DB3201/T 1013 西瓜嫁接育苗技术规程》	株高 10～13cm，真叶 2～3 片

（4）甜瓜育苗标准。甜瓜是瓜类主要育苗作物之一，且一般需要嫁接育苗，山东、海南、宁夏、辽宁等国内主产区省份都出台了相关甜瓜穴盘育苗或嫁接育苗技术规程，河北则出台了专项甜瓜种苗质量标准（表 3 - 19）。

表 3 - 19 甜瓜育苗标准列表

类型	标准名称	发布年份	种苗质量内容
地方标准（山东）	《DB37/T 1396 厚皮甜瓜集约化嫁接育苗技术规程》	2009	成品苗标准
地方标准（山东）	《DB37/T 2178 薄皮甜瓜集约化嫁接育苗技术规程》	2012	成品苗标准
地方标准（宁夏）	《DB64/T 892 甜瓜集约化穴盘育苗技术规程》	2013	壮苗标准
地方标准（海南）	《DB46/T 326 甜瓜嫁接育苗技术规程》	2015	嫁接苗出圃要求
地方标准（宁夏）	《DB64/T 1242 甜瓜嫁接育苗生产技术规程》	2016	种苗标准

（续）

类型	标准名称	发布年份	种苗质量内容
地方标准（辽宁）	《DB21/T 1967　甜瓜适龄壮苗生产技术规程》	2016	壮苗标准
地方标准（河北）	《DB13/T 2776.6　集约化生产蔬菜种苗质量　第6部分：甜瓜》	2018	壮苗指标

甜瓜商品苗描述性评价指标主要包括：形态外观指标、病虫害和机械损伤等。一般描述为：嫁接部位愈合良好，接穗、砧木子叶完整，茎秆粗壮，节间短，叶色深绿、肥厚；根系发达，将基质紧密缠绕形成完整根坨；无机械损伤，无病虫害、药害、肥害症状。

河北省的甜瓜种苗质量标准中还要求幼苗整齐一致，符合品种特征。顶尖部位大而饱满，茸毛密集，心叶嫩绿，叶面平整。根部嫁接口位置没有气生根。

甜瓜商品苗或壮苗量化标准一般会对穴盘孔数、株高、茎粗、叶片数、日历苗龄等进行规定，辽宁省地方标准还规定其嫁接苗定植成活率应达96%，自根苗成活率应达98%，见表3-20。

表3-20a　甜瓜种苗质量量化标准内容列表

标准名称	种苗质量量化要求
《DB37/T 1396　厚皮甜瓜集约化嫁接育苗技术规程》	2叶1心，茎粗4～6mm，株高10～12cm，苗龄35～40d
《DB37/T 2178　薄皮甜瓜集约化嫁接育苗技术规程》	2叶1心，茎粗3～4mm，株高13～15cm，苗龄30～35d
《DB64/T 892　甜瓜集约化穴盘育苗技术规程》	具有3～4片真叶，子叶部位茎粗0.4～0.5cm
《DB46/T 326　甜瓜嫁接育苗技术规程》	2叶1心
《DB21/T 1967　甜瓜适龄壮苗生产技术规程》	（穴盘苗）冬春季育苗，株高15cm左右，5～6片叶，茎粗0.4cm左右；夏秋季育苗，2～3片叶，株高12cm左右；其他指标见表3-20b

表 3 - 20b 甜瓜无土穴盘育苗商品苗标准

季节	穴盘孔数	株高（cm）	茎粗（mm）	叶片数	花蕾大小	日历苗龄（d）
冬春季	50、72	13～15	3～5	3～5	无	25～30
	98、128	12～15	3.5～4.0	1～2	无	20～25
夏季	72～98	15～18	3.5～4.5	3～5	无	21～25

注：来源《DB21/T 1967 甜瓜适龄壮苗生产技术规程》。

2016 年出台的宁夏地方标准《DB64/T 1242 甜瓜嫁接育苗生产技术规程》中提出种苗标准，嫁接苗达到 2 叶 1 心或 3 叶 1 心时可以出圃，同时对甜瓜嫁接种苗进行了分级，按照胚轴高、茎粗、株高、真叶片数、叶和根的情况将种苗分为 1、2、3 三个级别（表 3 - 21）。

表 3 - 21 种苗分级标准

级别	胚轴高（cm）		茎粗（cm）	株高（cm）	真叶片数	叶	根
	砧木	接穗	砧木（直径）				
1	8 以下	3 以下	0.4 以上	13～15	3～4	深绿、完整、无病虫斑	根系发达、白色、光亮，90% 以上基质被根系包裹
2	8～10	3～4	0.3～0.4	15～18	2～3	绿、完整、无病虫斑	根系较发达、白色、75%～90% 或以上基质被根系包裹
3	10 以上	4 以上	0.3 以下	18 以上	2～3	绿、完整、部分有病虫斑	根系较发达、白色、50%～75% 或以上基质被根系包裹

2018 年出台的河北地方标准《DB13/T 2776.6 集约化生产蔬菜种苗质量 第 6 部分：甜瓜》是甜瓜种苗质量的专项标准，其中提出的壮苗指标分别从外观指标和数值指标两个方面进行了较为详尽的规定，数值指标又分为自根苗和嫁接苗两部分，详见表 3 - 22。

表 3 - 22a　出场前 3d 自根苗的数值指标

作物种类	生理苗龄	株高 (mm)	上胚轴长 (mm)	上胚轴粗 (mm)	茎粗 (mm)	茎节间长 (mm)
厚皮甜瓜	2叶1心至3叶1心	60.0～85.0	35.0～60.0	≥3.5	≥2.6	10.0～20.0
薄皮甜瓜	2叶1心至3叶1心	45.0～80.0	28.0～50.0	≥3.0	≥2.2	7.0～20.0

注：幼苗生产宜选用规格为55cm×28cm，50孔的穴盘。

表 3 - 22b　出场前 3d 嫁接苗的数值指标

株高 (mm)	砧木			接穗		
	高度 (mm)	上胚轴粗 (mm)	叶片	上胚轴长 (mm)	茎粗 (mm)	茎节间长 (mm)
70.0～130.0	30.0～60.0	≥3.5	2叶1心至4叶1心	≤30.0	≥2.5	14.0～35.0

注：幼苗生产宜选用规格为55cm×28cm，50孔的穴盘。

四、叶菜类育苗标准

（1）芹菜育苗标准。芹菜是主要的叶菜类育苗作物之一，在华北地区集约化育苗比例较大，在全国范围内占比则显著低于果菜和瓜菜育苗量，目前只有山东省2019年出台了《DB37/T 2663.5　集约化穴盘育苗技术规程　第5部分：芹菜》地方标准。该标准中提出的芹菜成品苗标准为：苗龄45～60d，4叶1心至6叶1心，株高10cm左右，叶片大小均匀、颜色深绿，根坨成型、根系粗壮、毛细根发达，无病斑、无虫害。

（2）叶用莴苣（生菜）育苗标准。与芹菜相似，叶用莴苣（生菜）也是主要的叶菜类育苗作物之一，在华北尤其是北京地区集约化育苗比例已超过果菜，但在全国范围内占比则显著低于果菜和瓜菜，目前只有山东省2020年出台了《DB37/T 2663.6　集约化穴盘育苗技术规程　第6部分：叶用莴苣》地方标准。该标准中提出的叶用莴苣（生菜）成品苗标准为：叶色浓绿，苗高5～12cm，具2～4片真叶，无病虫，根系发达，根坨成型。

五、甘蓝类育苗标准

（1）花椰菜育苗标准。花椰菜也是需要育苗的蔬菜作物，青海、山东、河北等地分别出台了花椰菜穴盘育苗技术规程和种苗质量标准

（表 3 - 23）。

表 3 - 23　花椰菜育苗标准列表

类型	标准名称	发布年份	种苗质量内容
地方标准（青海）	《DB63/T 1240　花椰菜基质穴盘育苗技术规程》	2013	商品苗
地方标准（山东）	《DB37/T 2663.1　集约化穴盘育苗技术规程　第 1 部分：花椰菜》	2015	成品苗标准
地方标准（河北）	《DB13/T 2776.10　集约化生产蔬菜种苗质量　第 10 部分：花椰菜、青花菜》	2018	壮苗指标

标准中对花椰菜商品苗描述性指标主要包括：形态指标，病虫（药、肥）害和机械损伤等。主要对整齐度、叶片、根系和病害损伤等情况进行规定，一般描述为：幼苗整齐一致，符合品种特征；子叶完整、叶色深绿，心叶完整黄绿，纵向半抱合，上冲；茎秆粗壮，根系发达，根须鲜白色，根坨成型；无病虫害、药害、肥害症状，无机械损伤。

花椰菜商品苗质量量化标准一般会对株高、茎粗、日历苗龄、叶片数等进行规定，河北省地方标准还规定了根茎粗、最大叶片的长和宽下限，见表 3 - 24。

表 3 - 24　花椰菜种苗质量量化标准内容列表

标准名称	种苗质量量化要求
《DB63/T 1240　花椰菜基质穴盘育苗技术规程》	叶片数 4～6 片
《DB37/T 2663.1　集约化穴盘育苗技术规程　第 1 部分：花椰菜》	株高 20～25cm，2 叶 1 心至 3 叶 1 心，春季育苗苗龄 20～25d，夏季育苗苗龄 20d 左右
《DB13/T 2776.10　集约化生产蔬菜种苗质量　第 10 部分：花椰菜、青花菜》	3 叶 1 心至 5 叶 1 心，自然株高 120.0～180.0mm，茎粗≥3.5mm，根茎粗≥2.2mm，最大叶片长≥60.0mm，最大叶片宽≥35.0mm

（2）青花菜（西兰花）。青花菜与花椰菜相似，也是需要育苗的蔬菜作物，青海、河北、浙江台州等地分别出台了青花菜（西兰花）穴盘育苗技术规程和种苗质量标准（表 3 - 25）。

表 3 - 25　青花菜育苗标准列表

类型	标准名称	发布年份	种苗质量内容
地方标准（青海）	《DB63/T 1233　西兰花基质穴盘育苗技术规程》	2013	商品苗
地方标准（河北）	《DB13/T 2776.10　集约化生产蔬菜种苗质量　第 10 部分：花椰菜、青花菜》	2018	壮苗指标
地方标准（浙江台州）	《DB3310/T 71　西兰花穴盘育苗技术规程》	2021	壮苗标准

标准中对青花菜（西兰花）商品苗描述性指标主要包括：形态指标，病虫（药、肥）害和机械损伤等。主要对整齐度、叶片、根系和病害损伤等情况进行规定，一般描述为：幼苗整齐一致，符合品种特征；子叶完整、叶色深绿，心叶完整黄绿，纵向半抱合，上冲；茎秆粗壮，根系发达，根须鲜白色，根坨成型；无病虫害、药害、肥害症状，无机械损伤。

河北的青花菜种苗质量标准对量化标准描述较为详细，规定了叶片数、株高、茎粗、根茎粗、最大叶片的长和宽下限等，见表 3 - 26。

表 3 - 26　青花菜种苗质量量化标准内容列表

标准名称	种苗质量量化要求
《DB63/T 1233　西兰花基质穴盘育苗技术规程》	叶片数 4～6 片
《DB13/T 2776.10　集约化生产蔬菜种苗质量　第 10 部分：花椰菜、青花菜》	3 叶 1 心至 5 叶 1 心，自然株高 130.0～180.0mm，茎粗≥3.2mm，根茎粗≥2.0mm，最大叶片长≥50.0mm，最大叶片宽≥35.0mm
《DB3310/T 71　西兰花穴盘育苗技术规程》	真叶数 3～5 片

第四章 蔬菜种（苗）传病害防治与检测技术

种（苗）传病害是通过种子（苗）携带并传播的一类植物病害。病原物主要包括病毒、细菌、真菌及原生动物，其可以附着或寄生在种子（苗）表面、内部或内外兼存，有的也可直接以孢子、菌丝等混于种子（苗）中间。种（苗）传病原物是许多蔬菜作物病害的重要初侵染源之一，也是病害远距离传播的主要途径。同时，一些种传真菌可产生毒素，降低种子发芽率，产生低活力幼苗、不正常幼苗，或在植物从发芽到收获的不同生长阶段表现出危害：可以表现在由染病种子生产的当代植株上，也可以因病原物可在土壤、作物残体、野生寄主中长期存活而表现为田间常年发病。

此外，由种子（苗）携带的病原物被传播到从未有过这种病害的地区，由于缺乏天然的制约因素，它造成的损失往往会超过在病原物原产地所表现出的危害水平。病原物的二次侵染可以通过风、雨、灌溉水、机械、昆虫、动物和人来进行，常常可以将病原物传播到远离原产地的地方。

蔬菜集约化育苗生产密度大、温湿度高、嫁接操作等因素都易于种（苗）传病害的传播与流行，近年来我国发生了多起由于蔬菜种子、种苗携带病原物引发病害流行，造成生产损失的案例。加强蔬菜种（苗）传病害的防治、检测及防控，从源头上减少侵染源，是避免病害传播的有效方式，也是蔬菜安全生产的重要保障。

第一节 主要蔬菜种（苗）传病害及防治

种传病害由种子携带，随着蔬菜集约化育苗和嫁接技术的广泛采用，带菌种子即使是万分之一的感染率也可在育苗阶段增殖，并引起幼苗发病，不仅耗费了种植者的种子费用和嫁接人工费用，更严重的是延误农时，造成不可挽回的经济损失。如果苗期病菌未能引起病害症状，还会随着幼苗到田间存活，一旦环境适宜便会引起田间病害暴发，危害生产。加强苗期对各类种传病害，尤其是检疫病害的识别和防治，可最大程度减少田间损失，及早防控病害随苗远距离、跨地区传播。

一、茄果类蔬菜主要种（苗）传病害

（1）真菌性病害。

①**炭疽病。**辣椒炭疽病是由半知菌亚门刺盘孢属（*Colletotrichum* spp.）内的几个种引起的全球性的真菌病害，该菌种类复杂，寄主范围广，能够危害谷类、豆类、草莓、茄子、番茄等作物，也是危害辣椒、甜椒的主要病害之一。

辣椒炭疽病菌主要以菌丝潜伏在种子内或以分生孢子附着在种子表面，形成初侵染源。在高温高湿的气候条件下，特别是在热带、亚热带等辣椒主产区，该病发生较为普遍。叶片染病，初期为水渍状褪绿斑点，后扩大为中间灰白色、四周褐色的圆形病斑；茎秆染病，病部呈现不规则或梭形病斑；果实染病，病斑表面初生水渍状病斑，后逐渐扩展为褐色凹陷、中心着生黑（红）点的圆形或不规则形状病斑（彩图4-1）。

在中国、印度、印度尼西亚、韩国等地区发生后，常导致辣椒减产30%～40%，泰国发生最严重年份减产高达80%，韩国和印度的年度损失分别达1亿美元和133万美元。

防治措施可分为三类。

一是种子处理。播种前种子用55℃温水浸15min；或于冷水中浸泡10～12h，再用1%硫酸铜浸种5min，或用50%多菌灵可湿性粉剂500倍液浸种30min，或用50%代森锰锌可湿性粉剂300～500倍液浸种1h，清水洗净后播种育苗。

二是农业防治。加强棚室内管理，避免栽植过于密集，注意下午和晚上适当通风排湿，露地种植，遇雨季时田间开沟排水，果实避免日灼；适当增施磷钾肥，及时采收并清除病残体；发病严重地块与瓜类或豆类作物轮作 2～3 年。

三是化学防治。保护地栽培，发病前每亩用 45％百菌清烟剂 250g 均匀放置在棚室内，于傍晚点燃烟熏，也可用多抗霉素、枯草芽孢杆菌或木霉菌喷施预防。发病初期，可喷洒 25％嘧菌酯悬浮剂 1 500 倍液，30％唑醚·戊唑醇悬浮剂 1 000 倍液，或 42.8％氟菌·肟菌酯 1 500 倍液，或 40％二氰·吡唑酯悬浮剂 1 500 倍液，或 50％苯菌灵可湿性粉剂 600 倍液等，间隔 7～10d 施用 1 次，连续防治 3～4 次，注意轮换用药。

②**早疫病**。由茄链格孢 *Alternaria solani* 引起的真菌病害，为辣椒、番茄上的主要病害之一。病原菌在病残体和种子上越冬，成为初侵染源，经风、雨、昆虫传播，从植株的气孔、表皮或伤口侵入。

在 26～28℃的温度条件，以及空气相对湿度 85％以上时易发病流行。发病时叶片上先出现圆形或长圆形黑褐色病斑，具同心轮纹。潮湿条件下病斑上生出黑色霉层，能侵害叶、茎和果实（彩图 4-2）。

该病在辣椒上发病严重，一般田块死株率达到 30％，发病严重的达 80％，造成毁灭性的损失。

从以下 4 个方面进行防治。

一是种植抗病性强的辣椒品种。

二是种子处理。在无病区或无病植株上留种，培育健康种子。种子可用 55℃温水浸种 10min，或用 1％硫酸铜溶液浸种 5min，或用 72％农用链霉素水剂 1 000 倍液浸种 30min，清水洗净后催芽播种。

三是农业防治。重病田实行与瓜类作物 2 年以上轮作；高垄栽培，施足基肥，增施有机肥和磷钾肥；采收后彻底清除植物残体，深耕土壤。

四是化学防治。发病前，可用枯草芽孢杆菌喷施预防。制种田后期或发病初期，喷施 50％异菌脲可湿性粉剂 1 500 倍液，或 70％丙森锌可湿性粉剂 600 倍液，或 40％克菌丹可湿性粉剂 400 倍液，或 70％代森锰锌可湿性粉剂 500～600 倍液，每 7～10d 防治 1 次，视病情共防治 1～3 次。

（2）细菌性病害。

①**溃疡病。**番茄溃疡病（Bacterial Canker of Tomato）病原菌为密执安棒形杆菌密执安亚种（*Clavibacter michiganensis*，Cm）。1909 年在美国密歇根州被首次发现，1910 年在美国首次报道。该病原菌的远距离传播主要是带菌种子，在田间和温室，该病菌由伤口、气孔和自然孔口侵入，主要通过灌溉水、雨水、修枝剪枝等传播。该病菌在土壤和病残体组织中可存活 2～3 年。番茄溃疡病是一种系统性病害，从育苗到收获期均可发生。初期叶片萎蔫，叶片出现小白点，叶脉现白色，后出现褐色坏死斑点（彩图 4‑3）。茎和叶柄出现褐色凋斑，扩展直至露出黄褐色髓腔；果实发病从白色小点，直至斑点边缘有白色晕圈，呈典型"鸟眼状"。自从 1954 年，我国在大连市发现了类似溃疡病的病果以来，该病陆续在我国华北及南方多地番茄生产地块严重暴发，发病率 15%～80%，造成减产和巨大损失。1995 年我国将番茄溃疡病病原菌列为检疫性病害。

可从以下 4 个方面进行防治。

一是对种子种苗实施严格检疫，禁止从疫区调运种子种苗。选择耐热、抗病品种。

二是种子处理。可用 55℃温水浸种 30min，或置于烘箱 70℃灭菌 72h；还可用 1%盐酸浸种 5～10h，或用 1%次氯酸钠浸种 20～40min，清水充分洗净后用于育苗。

三是农业防治。采用高垄栽培，与非茄科作物实行 3 年以上轮作；发病初期及时清除病株并带到田外妥善处理；病后注意水肥管理，避免偏施氮肥；待露水干后进地操作，禁止大水漫灌；雨后防止田间积水，雨天不进行整枝打杈。及时铲除田间杂草。

四是化学防治。苗床发病前，喷洒 1：1：200 波尔多液。定植时，用硫酸链霉素每支兑水 15L 浇灌幼苗。发病前，可选用 72%硫酸链霉素可溶性粉剂 400 倍、新植霉素 4 000 倍液、77%氢氧化铜可湿性粉剂 500 倍液、77%硫酸铜钙可湿性粉剂 500 倍液、47%春雷·王铜可湿性粉剂 800 倍液等药剂喷雾预防；中心发病区，可用上述药剂灌根。发病初期，可使用中生菌素可湿性粉剂 600 倍液，连用 2 次。

②疮痂病。又称细菌性斑点病（Tomato Bacterial Spot），该病菌除侵染番茄外，同样危害辣（甜）椒。番茄细菌性疮痂病由黄单胞菌属（*Xanthomonas* ssp.）中的多个种侵染引起。病原菌可以在种子、病残体和杂草上越冬，成为翌年初侵染来源。带菌种子是该病远距离传播的重要途径。带菌幼苗也可成为主要的初侵染来源。播种带菌种子，幼苗即可感染发病。幼苗发病后移入大田，病害通过雨水和农事操作等在田间传播，造成流行。

疮痂病在发病初期形成圆形或不规则形褐色小斑点，病斑周围产生黄色晕圈（彩图4-4）。疮痂病侵染番茄叶片、茎和果实，引起产量和果实品质的下降，造成巨大的经济损失。调查发现北京郊区番茄细菌性疮痂病发病株率达80%～100%，病果率15%～25%，最高达80%以上，平均减产20%～30%。

防治措施包括以下3个方面。

一是种子处理。选用无病种子，或用55℃温水浸种20min。

二是农业防治。重病地块实行与非茄科作物2～3年轮作；加强水肥管理，及时去除病株；及时整枝打杈，精心操作，减少机械损伤，露水干后下地管理；收获后，清洁田园，妥善处理病残体。

三是化学防治。发病初期及时用药，可使用77%氢氧化铜可湿性粉剂500倍液，或25%络氨铜水剂300倍液，或新植霉素400倍液，或72%农用链霉素可溶性粉剂400倍液，隔7～10d施用1次，连续用2～3次。施药前先将病叶、病枝和病果摘除。

③细菌性斑疹病。番茄细菌性斑疹病（Tomato Bacterial Speck）为一种世界性病害，该病的病原菌是丁香假单胞番茄致病变种*Pseudomonas syringae* pv. *tomato*（Pst）。Pst能在番茄的苗期至收获期的整个生长季节造成危害，主要危害番茄的叶、茎、花和果实。病菌在干燥的种子上可存活20年，病菌能够随种子远距离传播。播种带菌种子，幼苗即可感染发病。幼苗发病后移入大田，病害通过雨水和农事操作等在田间传播，造成流行。Pst在种子、病残体、土壤和杂草上不显症越冬。

发病初期症状为水渍状小病斑，植株叶片上产生深褐色至黑色斑点，周围有黄色晕圈。茎和叶柄感染时，产生无黄色晕圈的黑色斑点。在发病初期的感病幼嫩果实上可见稍隆起的小斑点，果实接近成熟时病斑周围仍保持较长时间的绿色。

该病自 1933 年被首次报道以来，在全球 26 个国家均有发现，我国也于 1998 年发现。据报道，该病可造成 5%～75% 的产量损失。

可从以下 4 个方面进行防治。

一是因地制宜选用抗（耐）病优良品种。

二是选用无病种子，用 55℃ 温水浸种 30min，或用 1% 稀酸液（如盐酸）浸种 10～20min 后，洗净晾干播种；亦可用种子重量 0.4% 的 47% 青雷霉素·王铜可湿性粉剂拌种。

三是重病田与非茄科作物实行 2～3 年以上的轮作；采用高垄地膜滴灌，或膜下暗灌，或管灌等方式栽培；合理密植，适时打开风口通风换气，降低棚内湿度；增施磷钾肥；及时清除病叶。

四是发病初期可选用 30% 琥胶肥酸铜可湿性粉剂 600 倍液、77% 氢氧化铜可湿性粉剂 400～500 倍液，或 3% 中生菌素可湿性粉剂 800 倍液，或 2% 春雷霉素水剂 800 倍液，或 3% 噻霉酮可湿性粉剂 1 000 倍液，春雷霉素与噻霉酮（1:1）混剂防治效果显著，每隔 7～10d 喷药 1 次，连续防治 2～3 次。

(3) 病毒性病害。

①番茄黄化曲叶病毒病（Tomato Yellow Leaf Curl Virus，TYLCV）。属于双生病毒科（*Geminiviridae*）菜豆金色花叶病毒属（*Begomovirus*），DNA 病毒。可侵染 25 科 122 种作物，包括番茄、辣椒、黄瓜等多种蔬菜。植株生长初期发病，顶叶黄化，植株严重矮缩；生长后期染病，新叶向内卷曲，落花落蕾，果实僵化，成熟期果实转色不均匀，丧失商品性（彩图 4-5）。对越夏茬番茄的危害最重，平均发病株率高达 94.8%，平均产量降低 74.0%，严重的甚至引起全田毁灭而绝产。

自然条件下烟粉虱是 TYLCV 最主要的传播方式，嫁接和扦插传播也可传播，机械摩擦、汁液不会传毒。烟粉虱尤其偏嗜番茄幼苗，带毒种苗远距离运输会加速病毒传播，2009 年北京地区首次发现该病即是由于购买山东发病地区种苗所致。

防治措施有以下 3 个方面。

一是选用无毒抗病种子或无性繁殖材料。

二是加强田间管理。培育壮苗；田间作业时，发现病株，及时拔除；接触过病株的手和工具都要消毒，防止病毒传播；施足基肥，避免偏施氮肥；合理浇水防止干旱。

三是发病初期，可用 20% 吗呱·乙酸铜可湿性粉剂 500 倍液，或 8% 宁南霉素水剂 800～1 000 倍液，或 3% 氨基寡糖素水剂 400 倍液，或 0.5% 香菇多糖水剂 300 倍液等药剂喷雾。每隔 7～10d 用 1 次，连续用 2～3 次。出苗前后及时防治蚜虫、飞虱、粉虱、叶蝉等媒介昆虫。

②**番茄褪绿病毒病**（Tomato Chlorosis Virus，ToCV）。线形病毒科（*Closteroviridae*）毛形病毒属（*Crinivirus*），RNA 病毒。主要侵染茄科作物，如番茄、辣椒、马铃薯、烟草等，可引起植株严重褪绿和黄化，症状类似镁元素缺乏。植株叶片变黄，叶边缘向上卷曲，严重时叶脉深绿，叶片变小（彩图 4-6）；番茄黄化曲叶病毒病和番茄褪绿病毒病的发病时间、发病环境条件大致相同，在诊断中容易混淆，难以区分。

烟粉虱、白粉虱、蚊翅粉虱等多种粉虱可传播 ToCV，但不会通过汁液摩擦传播。番茄褪绿病毒病有潜伏侵染的特性，苗期感病症状不明显，较难辨认。一旦种苗带毒，就容易造成远距离传播，被当地粉虱侵染后造成近距离传播，并迅速流行。

防治措施有以下 5 个方面。

一是选择抗病品种。

二是避免从疫区购买种苗。

三是育苗前要清除苗床及周围病虫、杂草，彻底消毒棚室；通风口覆盖防虫网，悬挂黄板，出现粉虱及时采用吡虫啉等药剂防治；控制温度防止幼苗徒长，培育壮苗。

四是夏秋季节番茄幼苗定植后，棚内高温时期要覆盖遮阳网，防止幼苗萎蔫，易感染番茄褪绿病毒；覆盖防虫网，悬挂黄板，预防粉虱发生；及时清除田间杂草。

五是发病后，喷施 2% 宁南霉素水剂 250 倍液，或 1.5% 烷醇·

硫酸铜乳剂1 000倍液，或20％吗胍·乙酸铜可湿性粉剂800倍液，或20％盐酸吗啉胍可湿性粉剂500倍液，或0.5％香菇多糖水剂300倍液，每隔5～7d施药1次，连续施2～3次。

③**番茄斑萎病毒**（Tomato Spotted Wilt Virus，TSWV）。属于番茄斑萎病毒科（*Tospovirus*）正番茄斑萎病毒属（*Orthotospovirus*），RNA病毒。寄主范围广，可侵染84科1 000余种植物，主要危害茄科蔬菜，如番茄、辣椒、茄子、马铃薯等。发病植株的主要症状为植株矮小，顶芽下垂，新叶扭曲，叶片产生黄色或褐色环斑或坏死黑斑，茎与叶柄黑色条斑，果实褐色坏死斑，易脱落（彩图4-7）。

由于TSWV寄主范围广，危害严重，被列为世界危害最大的十大植物病毒之一。2012年北京地区有发生报道。蓟马为主要传播介体，种子也可带毒，汁液摩擦可接种病毒。

防治措施有以下3方面。

一是严格检疫，不从疫区调运种子种苗。

二是采取轮作，最好是水旱轮作，尽量避开烤烟、马铃薯等茄科作物种植基地，病区及时铲除苦苣菜、野大丽花等田间杂草。

三是发现病株，及时拔除；悬挂蓝板，苗期和定植后施药预防蓟马发生，发现蓟马可选用10％吡虫啉可湿性粉剂2 000倍液，或10％多杀霉素悬浮剂3 500倍液，或22％螺虫·噻虫啉悬浮剂5 000倍液，或240g/L虫螨腈悬浮剂3 000倍液，或60g/L乙基多杀菌素悬浮剂6 000倍液，或19％溴氰虫酰胺悬浮剂1 500倍液均匀喷雾，每隔7d喷1次，喷2～3次。

④**番茄花叶病毒**（Tomato Mosaic Virus，ToMV）。属于植物杆状病毒科（*Virgaviridae*）、烟草花叶病毒属（*Tobamovirus*），RNA病毒。可侵染茄科、葫芦科、十字花科及豆科等38科300多种植物。发病植物叶片症状有浅绿或深绿花叶、斑驳，植株矮化，后期花叶斑驳程度加大，并出现大面积深褐色坏死斑，中下部老叶尤甚，发病重的叶片皱缩、畸形、扭曲。茎或叶柄上形成长形坏死条斑，导致果实坏死。常与黄瓜花叶病毒（Cucumber Mosaic Virus）发生复合侵染导致番茄表现出花叶、斑驳、条斑和蕨叶等症状。

相邻叶面轻微摩擦、嫁接、整枝打杈等农事操作均可传播，还可以通过种子传毒。

防治措施有以下 6 个方面。

一是选用优良抗病品种。

二是使用无病种子或播前进行种子处理，播种前用清水预浸种3～5h 后，用 10％磷酸三钠溶液浸种 20min，再充分清洗后播种；或70℃干热处理种子 2～3d。

三是种植前彻底铲除田间及四周杂草，远离早春菠菜和十字花科蔬菜地块；重病地块实行与非茄科作物 2 年以上轮作；若与茄科蔬菜连作，在收获后深翻。

四是加强田间管理，施足底肥，注意氮、磷、钾肥配合施用和适当增施钾肥；高温干旱季节适时浇水；雨后及时排水，防止田间积水。

五是加强病害预防，温室可张挂镀铝聚酯反光幕，秋棚可挂银灰塑料膜条避蚜，也可采用防虫网防止蚜虫等传毒害虫传入。

六是发病初期喷施 1.5％烷醇·硫酸铜乳剂 1 000 倍液，或 3％氨基寡糖素水剂 400 倍液，或 1％抗毒剂 1 号水剂 200～300 倍液。

二、瓜类蔬菜主要种（苗）传病害

（1）真菌性病害。

①蔓枯病。瓜类蔓枯病（Gummy Stem Blight）又称黑腐病，是影响瓜类蔬菜生产的重要病害之一，它可以危害甜瓜、黄瓜、西瓜、西葫芦等作物，该病由亚隔孢壳属的瓜类黑腐球壳菌 *Didymella bryoniae* 引起，蔓枯病在瓜类蔬菜的整个生育期都能危害，植株各部位均可受害，其中以叶片和茎蔓受害为主。

子叶期发病，病斑初呈水渍状小点，逐渐扩大为黄褐色或青灰色圆形或不规则形斑，不久扩展至整个子叶，引起子叶枯死。苗期叶片发病，从边缘发生的病斑多呈 V 形或半圆形，从叶片内部发生的病斑多呈近圆形，病斑呈黄褐色至褐色，后期易破裂，并出现许多小黑点（该症状多出现在黄瓜、丝瓜上）。叶片上的病斑直径通常为 10～35mm，条件适宜时会更大；大病斑周围组织易发黄，有的甚至整个叶片都变黄。茎部发病初现水渍状小斑，后扩展至环绕幼茎，引起幼苗枯萎、死亡（彩图4-8）。成株期发病多见于茎蔓基部分支处，初期病斑也为水渍状，淡黄色，后变至深灰色，其上密生小黑粒点，随病势发展病部溢出褐色胶状物。

该病常造成减产15%～30%，重病田块可减产80%以上，果实品质也会受到极大影响，严重威胁蔬菜生产。

防治措施有以下4个方面。

一是实行与非瓜类作物3～5年轮作。

二是种子播前灭菌处理。可用55℃温水浸种20～30min，也可选用99%噁霉灵可湿性粉剂1～1.5g拌1kg种子。

三是生长期加强田间管理，实行高畦栽培。适当增施有机底肥，适时浇水、施肥，避免田间积水，保护地浇水后增加通风，发病后摘除一部分多余的叶和蔓，有利植株间通风透光。拉秧后彻底清除病残落叶及杂草。

四是发病初期进行药剂防治，蔓枯病病菌一般从吊蔓整枝后留下的伤口和裂蔓伤口侵入，可用22.5%啶氧菌酯悬浮剂300倍液、35%苯甲·溴菌腈可湿性粉剂400倍液、30%苯甲·啶氧悬浮剂400倍液喷雾，重点喷施植株中下部，每7～10d防治1次，视病情防治2～3次。病害严重时可用上述药剂加倍后涂抹病茎。

②**枯萎病。**西瓜枯萎病是西瓜生产中最为严重的真菌性病害之一，其病原菌为西瓜专化型尖孢镰刀菌（*Fusarium oxysporum* f. sp. *niveum*），在西瓜幼苗期和成熟期均可发生，对西瓜生产造成严重损失，已成为限制西瓜生产的主要因素之一。

枯萎病主要是土传病害，种子也有传带风险。常于西瓜开花以后发病（彩图4-9）。往往从植株一侧或支蔓开始萎蔫，似缺水状，夜间恢复，反复数日后支蔓或整株枯死。茎基部可见褐色长条病斑，分泌琥珀色胶状物。茎部可见维管束变黄色，病株根部腐朽，变赤褐色。

由于西瓜连作现象长期存在，经常出现连作障碍，其中枯萎病是连作障碍中的主要问题之一，严重影响西瓜的优质、高效生产。在连作田，西瓜植株枯萎病的发病率一般在10%～30%，严重的达80%。

防治措施有以下 6 个方面。

一是选用抗病良种。

二是与禾本科作物轮作，避免连茬种植。

三是采用无病基质育苗。堆、沤肥要充分腐熟，禁止使用带菌有机肥；适当增施磷、钾肥，控制施用氮肥。

四是种子播前处理，可用 40％甲醛 150 倍液浸种 1～2h 后，洗净晾干播种；或用 50～66℃温水配置 50％多菌灵可湿性粉剂 1 000 倍液浸种 30～40min，取出后再用 0.1％～0.5％的 50％苯菌灵可湿性粉剂拌种；还可用 75％萎锈·福美双可分散粉剂拌种。

五是用黑籽南瓜、瓠子瓜嫁接防病，或使用西瓜重茬剂防病。

六是定植缓苗前或发病初期用 98％噁霉灵可湿性粉剂 2 000 倍液，4％嘧啶核苷类抗菌素水剂 300～400 倍液，或 45％噻菌灵悬浮剂 1 000 倍液，或 30％精甲·噁霉灵可溶液剂 600～800 倍液，或 10％混合氨基酸铜水剂 1 500 倍液，或 50％复方硫菌灵可湿性粉剂 500 倍液，或 50％多菌灵可湿性粉剂 500 倍液浇根，每株浇药液 0.25～0.5kg，根据病情防治 1～3 次。

(2) 细菌性病害。

①**果斑病。**瓜类细菌性果斑病（Bacteria Fruit Block）是西瓜生产中最为重要的种传病害之一，其病原为西瓜嗜酸菌（*Acidovorax citrulli*，Ac），主要侵染葫芦科作物。作物整个生长期均可受到侵染，叶片、茎及果实均可发病。该病是一种典型的种传细菌病害，病原菌可依附在种子表面或侵入种子胚乳中，成为最主要的初侵染来源，这也是病害远距离传播的途径。研究表明，该病原菌可在西瓜种子上存活 19 年。

苗期发病，可造成子叶水渍状病斑；真叶初期有带黄色晕圈的褐色小斑，后期可发展成暗棕色病斑，可观测到菌脓（彩图 4-10）。研究表明，新疆哈密瓜田发病率最高可到 100％，只有 1/3 的瓜还具有经济价值。

我国在 2006 年将该病原物列入全国农业植物检疫性病害。根据 2019 年农业农村部统计，目前我国境内暴发该病害已涉及 15 个省（自治区、直辖市），66 个县（区、市）。

防控措施有以下 5 个方面。

一是加强植物检疫，严防从疫区调运种子种苗。严格国外引进葫芦科作物种子（苗）检疫及审批，限制或控制从瓜类果斑病发生国家或地区引进葫芦科植物种子（苗）。

二是制种基地选择无果斑病发生的地区，并采取隔离措施；与非葫芦科作物进行 3 年以上轮作。

三是种子处理。用 1％盐酸漂洗种子 15min，或 15％过氧乙酸 200 倍液处理 30min，或 30％双氧水 100 倍液浸种 30min。

四是加强田间管理。避免种植过密和植株徒长，合理整枝，减少伤口，平整地势，采用滴灌，及时清除杂草、病株。

五是化学防治。发病初期用 3％中生菌素可湿性粉剂 500 倍液，或 77％氢氧化铜可湿性粉剂 1 500 倍液，或 20％噻唑锌悬浮剂 800 倍液，或 90％新植霉素可溶性粉剂 1 500 倍液，或 50％琥胶肥酸铜可湿性粉剂 500～700 倍液，每隔 7d 喷施 1 次，连续喷 2～3 次。

②**角斑病**。细菌性角斑病（Angular Leaf Spot）病原菌为丁香假单胞菌黄瓜角斑病致病变种（*Pseudomonas syringae* pv. *lachrymans*, Psl），常在黄瓜和甜瓜上发病，并且可寄生在南瓜等其他葫芦科作物；在叶片、茎蔓、果实等部位均可发生。该病为典型的种传病害，有研究报道，2004 年对新疆哈密瓜病瓜种子进行出苗检测，两批种子发病率最高达到 80％，其中果斑病菌占 70％，而角斑病菌占 30％，进行种子分离检测时，两种病菌带菌率与出苗结果一致，而且种皮的带菌率远远高于种仁带菌率。

苗期发病时，子叶上有水渍状凹陷病斑，随后变为黄褐色干枯斑点；真叶上初期出现水渍状凹陷病斑，后期为多角形黄色病斑，且病变部易脆裂穿孔。成株期叶片上出现水渍状斑点，后逐渐扩大，随叶脉走向多为多角形，黄褐色；湿度大时，叶背面病斑产生乳白色黏液，风干后形成白色膜或白色粉状物（彩图 4-11）。

防治措施有以下 5 个方面。

一是选用抗病品种。

二是选用无病种子，播前用 50～52℃温水浸种 30min 后催芽播种，或选用种子重量 0.3％的 47％春雷霉素·王铜可湿性粉剂拌种。

三是用无病基质育苗，拉秧后彻底清除病残落叶，与非瓜类作物进行 2 年以上轮作。

四是合理浇水，防止大水漫灌；设施内注意通风降湿，缩短植株表面结露时间，注意在露水干后进行农事操作；及时防治田间害虫。

五是发病初期进行药剂防治，可选用 5%春雷霉素·王铜粉尘剂 15kg/hm² 喷粉防治，也可用 47%春雷霉素·王铜可湿性粉剂 600 倍液，2%春雷霉素水剂 800 倍液，或 77%氢氧化铜可湿性粉剂 500 倍液，或 25%二噻农加碱性氯化铜水剂 500 倍液，或 3%噻霉酮 800 倍液，或新植霉素 5 000 倍液喷雾防治。

(3) 病毒性病害。

①**黄瓜绿斑驳花叶病毒病。**黄瓜绿斑驳花叶病毒（Cucumber Green Mottle Mosaic Virus，CGMMV），是我国西瓜上的重要检疫性种传病毒，可引起西瓜严重减产。黄瓜发病时，叶片斑驳并凸起，植株矮化、畸形。西瓜受侵染叶片轻症出现斑驳，严重时出现疱斑，植株矮化（彩图 4-12）。甜瓜发病时茎端新叶出现黄斑，随叶片老化症状减轻。

2005 年辽宁的大棚西瓜大面积暴发 CGMMV，造成 13hm² 产区西瓜绝收。近年来，CGMMV 的发生呈上升蔓延趋势，2011 年浙江温岭地区受害面积已达 1 000hm²。截至目前，全国至少已有 12 个省份有该病害的报道，该病对西瓜生产造成的影响愈发严重。

防治措施有以下 6 个方面。

一是检疫防控。避免从疫区调运种子。

二是播前种子处理。70℃干热条件下恒温处理 72h，或 40℃恒温处理 24h，使种子含水量不超过 4%，然后再浸种催芽或直接播种；也可用 10%磷酸三钠溶液浸种 20～30min，清水冲洗后催芽播种；或者在播种前，将种子浸入 55～60℃的温水中浸种 15～30min，用清水洗净晾干后催芽。

三是实行轮作倒茬，与非葫芦科作物进行 2 年以上的轮作。

四是加强田间管理。合理施肥和浇水，避免大水漫灌和氮肥施用过量；发现中心病株立即拔除；农事操作使用无毒工具；注意防治

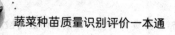

蚜虫。

五是土壤处理。可用生石灰 1 500～2 250kg/hm² 或石灰氮 375kg/hm²进行土壤处理。

六是化学防治。发病初期可选用 5％辛菌胺可湿性粉剂 300 倍液，或 7.5％辛菌胺·吗啉胍水剂 700～800 倍液，或 20％吗胍·乙酸铜可湿性粉剂 500 倍液，或 1.8％宁南霉素水剂 1 000 倍液喷雾。

②**南瓜花叶病毒病。**南瓜花叶病毒（Squash Mosaic Virus，SqMV）是豇豆病毒科豇豆花叶病毒属的一种，是一种重要的种传病毒，它可以通过机械传播到西葫芦、南瓜、黄瓜和甜瓜上。发病严重时，植株叶片和果实畸形，叶绿素分布不均，叶脉变形并出现多种绿色相间，叶片出现黄色斑点。

该病毒最早在我国的报道是 1981 年在新疆的甜瓜上发现该病，之后在山西、甘肃、黑龙江均有发生。

防治措施有以下 4 个方面。

一是种子处理。先用清水浸种 3～4h，再用 10％磷酸三钠浸种 20～30min，捞出用清水冲洗后再催芽播种，浸种时不要搅动；或者将干种子放在 70℃恒温箱内干热处理 12h。

二是选择抗病品种，加强田间管理；施足底肥，用腐熟的有机肥，增施磷钾肥；及时清除田间杂草，发现病株立即拔除。

三是及时防治蚜虫和其他害虫。可选用 10％吡虫啉可湿性粉剂 2 000 倍液、3.2％烟碱·川楝素水剂 300 倍液、1％甲氨基阿维菌素苯甲酸盐乳油 3 000 倍液、25％噻虫嗪可湿性粉剂 600 倍液、25％吡蚜酮可湿性粉剂 4 000 倍液等喷雾防治。

四是发病初期可选用 1.5％烷醇·硫酸铜乳剂 1 000 倍液，或 0.5％香菇多糖水剂 300 倍液，或 20％盐酸吗啉胍·铜可湿性粉剂 1 000 倍液，或 5％辛菌胺水剂 400 倍液等喷雾防治。

③**甜瓜坏死斑点病毒病。**甜瓜坏死斑点病毒（Melonnecrotic Spot Virus，MNSV），番茄丛矮病毒科香石竹斑驳病毒属的成员，寄主范围小，在自然条件下几乎只在葫芦科作物上传播，可经土壤、种子和汁液接触侵染。可危害甜瓜叶片、叶柄、果梗、果实及根。子叶即可发病，发病时叶片上形成斑点，并沿叶脉出现坏死斑。茎、叶

柄和果柄出现黄褐色虫食痕状坏死条斑。果实生长不良，有时会变小，网纹不整齐，糖度也受影响。根部有淡褐变或褐变，有时细根消失。

该病毒最早的报道是于 1996 年在日本甜瓜上发现，在我国该病毒首次于 2008 年在江苏海门甜瓜上发现，随后在我国的山东、新疆和广西均有发现。

防治措施有以下 4 个方面。

一是选择抗病良种，并与非葫芦科植物轮作 3 年以上。

二是种子播前消毒，播种前用 10％磷酸三钠溶液浸种 20min，然后洗净催芽播种；也可用 55℃温水浸种 40min，或将种子 70℃干热处理 72h。

三是早期病苗尽早拔除，及时防治蚜虫；加强田间管理；前期少浇水，多中耕，促进根系生长发育；施足底肥，中后期注意适时浇水、追肥。

四是药剂防治。发病前期至初期可用 1.5％烷醇·硫酸铜乳剂 1 000 倍液，或 0.5％香菇多糖水剂 300 倍液，或抗毒剂 1 号水剂 250 倍液喷洒叶面，每 10d 喷 1 次，连续喷施 2～3 次。

三、十字花科蔬菜主要种（苗）传病害

(1) 真菌性病害。

①黑斑病。已报道的引起十字花科黑斑病的病原菌有芸薹链格孢（*Alternaria brassicae*）、芸薹生链格孢（*A. brassicicola*）和萝卜链格孢（*A. raphani*）3 个种。病菌在种子或土壤及病残体越冬，借风雨、灌溉水传播，由气孔和伤口侵入。主要通过种子传播形成异地扩散和蔓延，危害叶片和整株植物。

该病是重要的种传病害，除影响采种质量，带菌种子发芽后还会引发幼苗猝倒病。幼苗染菌，即使本田期不产生明显的病症，但种子带菌可在植株上增殖或群集，致十字花科蔬菜生长后期或在采种株上暴发严重的病害。主要危害叶片，初期在叶片上产生褐色水渍状坏死斑，后期病斑渐成近圆形，有明显的轮纹，湿度大时表面生灰褐色霉层，病斑多时互相融合成较大的枯死区，造成叶片黄化干枯（彩图4-13）。

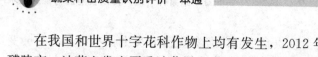

在我国和世界十字花科作物上均有发生，2012年5月在湖南省醴陵市，油菜上发生严重油菜黑斑病，油菜角果上着生大量黑色霉状物，发病面积90％以上，重病田失收，造成巨大经济损失。

防治措施有以下4个方面。

一是选用抗病品种。

二是种子播前处理。可用50℃温水浸种20min，移入冷水中冷却，晾干播种；或者用种子重量0.3％的25％甲霜灵可湿性粉剂，或种子重量0.4％的75％百菌清可湿性粉剂或70％代森锰锌可湿性粉剂拌种。

三是采用高垄或高畦栽培，进行地膜覆盖；施足基肥，配合增施磷钾肥，适时追肥和浇水；合理密植，适时中耕培土和深松；雨后及时排水；发病田块适时晚播；搞好田园清洁，收获后彻底清除病残组织及落叶，生长期及时清除病叶，减少菌源；与非十字花科蔬菜实行2年以上轮作。

四是发病初期进行药剂防治，可选用50％异菌脲可湿性粉剂1 200倍液，或430g/L戊唑醇悬浮剂500倍液，或64％噁霜·锰锌可湿性粉剂500倍液，或10％苯醚甲环唑水分散粒剂300倍液，或50％克菌丹可湿性粉剂400倍液，或70％代森锰锌可湿性粉剂600倍液，每7~10d防治1次，根据病情共防治1~3次。

②黑胫病。病原菌为黑胫茎点霉（*Phoma lingam*），属半知菌亚门真菌。病菌以子囊壳和菌丝的形式在病残株中越夏和越冬，子囊壳在10~20℃、高湿条件下放出子囊孢子，通过气流传播，成为初侵染源。潜伏在种皮内的菌丝可随种子萌发直接蔓延、侵染子叶和幼茎。植株感病后，病斑上产生的分生孢子器放出分生孢子，借风雨传播，进行再侵染。十字花科黑胫病可引起十字花科蔬菜植物的叶斑和茎腐，尤其引起油菜茎溃疡或黑茎。发生严重时，引起植株早衰和倒伏，影响产量。

油菜黑胫病发生于浙江、安徽、黑龙江、湖南、四川及内蒙古等地，严重危害时产量损失20％~60％。

防治措施有以下4个方面。

一是加强检疫，禁止从疫区调运十字花科种子和种苗。重病地块实行与非十字花科蔬菜 3 年以上轮作。

二是选用无病种子或播前对种子进行处理。可用 50℃温水浸种 20min，或用 40%甲醛 200 倍液浸种 20min 后洗净播种；也可用种子重量的 0.3%~0.4%的 70%甲基硫菌灵可湿性粉剂，或 50%异菌脲可湿性粉剂拌种。

三是使用充分腐熟的有机肥；采用高垄或高畦栽培；育苗移栽，尽量减少人为根伤；定植后加强田间管理，避免积水，及时清除重病株。

四是发病初期进行药剂防治，可用 40%多·硫悬浮剂 400 倍液，或 50%敌菌灵可湿性粉剂 500 倍液，或 50%异菌脲可湿性粉剂 1 200 倍液，或 70%甲基硫菌灵可湿性粉剂 600 倍液，或 45%噻菌灵悬浮剂 1 000 倍液，或 80%代森锰锌可湿性粉剂 600 倍液喷雾防治，每7~10d 防治 1 次，连续防治 2~3 次。

（2）细菌性病害。

①**细菌性黑腐病。** 病原微生物为野油菜黄单胞杆菌野油菜致病变种，病原学名为 *Xanthomonas campestris* pv. *campestris*；可侵染多种十字花科作物，主要危害叶片，被害叶片呈现不同发病症状。病原菌多从叶缘处的水孔侵入引起植株发病，形成 V 形的黄褐色病斑，病斑周围具黄色晕圈，病健界线不明显。病原菌还可沿叶脉向内扩展，形成黄褐色大斑并且叶脉变黑呈网状（彩图 4 - 14）。此外，病原菌沿侧脉、主脉、叶柄进入茎维管束，并沿维管束向下蔓延，在晴天时可导致植株萎蔫，傍晚和阴天时植株恢复。在田间，病害发生严重时，外部叶片多处可被侵染。球茎受害时维管束变为黑色或腐烂，但无臭味，干燥时呈干腐状。种株发病，病原菌从果柄维管束进入角果，或从种脐侵入种子内部，造成种子带菌。花梗和种荚上病斑椭圆形，暗褐色至黑色，与霜霉病的症状相似，但在湿度大时产生黑褐色霉层，有别于霜霉病。留种株发病严重时叶片枯死，茎上密布病斑，种荚瘦小，种子干瘪。

我国 20 世纪 70 年代即有该病发生，20 世纪 80 年代全国各地普遍流行，北起黑龙江、南至海南岛均有分布。近年来，随着我国菜田复种指数普遍提高，十字花科蔬菜细菌性黑腐病的发病程度和发病概率也呈现上升趋势。

防治措施有以下 4 个方面。

一是选用抗病品种，与非十字花科作物轮作 2～3 年。

二是选用无病种子或播前对种子进行处理。种子 60℃干热灭菌 6h，或用 55℃温水浸种 15～20min 后移入冷水中，晾干后播种；也可选用种子重量 0.3％的 47％春雷霉素·王铜可湿性粉剂拌种。

三是高畦栽培，适时播种，不宜过早；生长期加强管理，施足腐熟农家肥和磷钾肥，适时施肥；合理浇水，适期蹲苗；雨后及时开沟排水，防止田间积水；防治害虫，减少各种伤口；重病株及时拔除，带出田外妥善处理。收获后及时清洁田园。

四是发病初期进行药剂防治。可选用 47％春雷霉素·王铜可湿性粉剂 400～600 倍液，或 58.3％氢氧化铜干悬浮剂 600～800 倍液，或 30％络氨铜水剂 350 倍液，每 7～10d 防治 1 次，视病情共防治 1～3 次。

②**细菌性黑斑病。**十字花科黑斑病病菌（*Pseudomonas syringae* pv. *maculicola*），属于原核生物细菌界变形杆菌门假单胞菌科假单胞菌属，为丁香假单胞菌（*Pseudomonas syringae*）的变种之一。十字花科黑斑病病原菌是我国进境检疫性有害生物和全国农业植物检疫性有害生物，也是国际上最重要的十大病原细菌之一。在田间，可危害萝卜、白菜、甘蓝、花椰菜、芜菁、芥菜、油菜等多种十字花科植物，也可危害辣椒、番茄等茄科植物。

病菌主要通过伤口和自然孔侵入寄主地上部分危害，但不能侵染根部造成发病。该病菌在健康叶面和病残体中存活时间长，存活量大，在土壤中存活能力有限。田间病残体可成为初次侵染源。有报道称该病菌可在种子表面越冬，白玉春萝卜种子带菌率约为 0.04％。病斑初现于叶片背面，为不规则水渍状淡褐色斑点，后变为光泽的褐色至黑褐色斑点。开始时外叶发病多，后至内叶，致使叶片生长缓慢，直至全株叶片表现为有白色斑块，后变为淡褐色焦枯状，导致植株枯黄死亡。

我国于 2002 年首次在湖北省长阳县的萝卜上发现该病，当时当地发病面积 1 400hm²，其中，330hm² 产地实际产量损失达 30％～

50％，140hm²产地损失 50％以上，6hm²产地直接绝收。

防治措施有以下 4 个方面。

一是严格实施检疫措施，防止带病种子、种苗调运。

二是与非十字花科、非茄科、非伞形花科作物轮作 2 年以上；收获后及时清除病残体。

三是地膜覆盖，施足有机肥，避免过量、过迟施用氮肥，增施磷钾肥，以提高植株抵抗力；小水浅灌或滴灌，禁漫灌；在暴风雨过后及时调查病情，发现少量病株及时拔除。

四是发病初期喷洒 40％代森铵 500～600 倍液，或 30％碱式硫酸铜悬浮剂 400 倍液，或 47％春雷霉素·王铜可湿性粉剂 900 倍液，或 14％络氨铜水剂 300～400 倍液喷雾防治。

第二节　主要蔬菜种（苗）传病害检测技术

国际种子联盟（International Seed Federal，ISF）认为种子健康检测通常有 3 个步骤：①从种子上分离出病原；②对病原进行检测和鉴定；③接种植物确定病原的活性和致病性。上述过程完成后，可以证实种子是否存在某种病原。其中在检测阶段，免疫与分子检测方法如 ELISA、PCR，这些方法的优点是简便、快速、灵敏，不足之处是不能确定病原的活性，检测出的可能是没有活性的病原，或是和病原相近的非致病性生物，阳性的检测结果和病原活性的相关性不明显。如经过高温处理的携带病毒的种子，病毒已经被钝化，免疫学检测结果依然为阳性，然而其致病力已经下降到很低的水平；因此，检测结果为阴性时，一般不需要去验证，但若检测结果是阳性时，则需要进一步确认病原的致病性，以便得到一个可靠的、定论的阳性结果。

与种子检测有所不同，种苗检测则能确定病原物是否具有致病性。针对显性症状的已发病种苗，根据症状初步判断，选择采用不同的检测技术。一般来说，如果初步判断病原为真菌或细菌，一般先通过分离，后进行培养，纯化后进行形态学、免疫学、分子生物学鉴定；如果初步判断病原为病毒，则一般通过提取样品的蛋白或核酸进行免疫学、分子生物学鉴定（图4-1）。如果种苗由于种子携带病害或在出苗后被侵染携带病害，未积累到一定数量级别，或在植物与病原菌互作中，不表现症状，则根据检测目的，可对种苗就某一特定病害进行分子生物学等检测，鉴定其是否携带该病害，以便及早防治或处理。

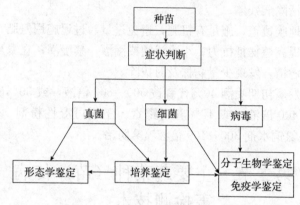

图4-1 种苗健康检测的基本流程

一、培养检测技术

有明显症状的种苗（彩图4-15a），可直接从感病组织上挑取霉层，或用刀片刮取病菌子实体，置于含有水滴的玻璃载玻片上，盖上盖玻片后放入显微镜下观察其孢子形态（具体操作可参考《GB/T 29584—2013 黄瓜黑星病菌检疫鉴定方法》），或切取带病组织在显微镜下观察，如果发现典型孢子或菌丝，可直接将组织放到乳酸PDA培养基上进行真菌分离培养（彩图4-15b），可依据孢子、菌落形态鉴定，或提取核酸进行分子鉴定。

如果显微镜下病健交界处观察到明显的菌脓溢出，则说明有细菌侵染（彩图4-15c），先对叶片表面消毒，然后切取病健交界处组织，对组织浸提液进行分子检测，并同步在LB培养基上进行细菌的分离培养，完成后续检测（彩图4-15d）。具体可根据蔬菜作物的细菌性病害检测标准，如《GB/T 36851—2018 辣椒细菌性斑点病菌检疫鉴定方法》，该标准中详细描述了如何对感染该病害的幼苗或植株进行病菌的分离和培养。此外，还有《GB/T

29431—2012 番茄溃疡病菌检疫检测与鉴定方法》，《GB/T
36853—2018 黄瓜细菌性角斑病菌检疫鉴定方法》等均有相关症
状的描述以及病菌的具体分离培养方法。

二、免疫检测技术

（1）ELISA 检测技术。 酶联免疫吸附测定法（Enzyme-Linked
Immuno Sorbent Assay，ELISA）采用抗原与抗体的特异反应将待
测物与酶连接，然后通过酶与底物发生颜色反应，用于定量测定。测
定的对象可以是抗体也可以是抗原。

本检测方法主要涉及 3 个技术：①抗原或抗体能物理性吸附于固
相表面，并且保持其免疫活性；②抗原或抗体能与酶通过共价键形成
酶结合物，同时保持各自的免疫活性和酶活性；③酶结合物与相应的
抗原或抗体结合后，能通过加入底物的颜色来确实免疫反应是否发
生，且颜色的深浅可反映出标本中抗原或抗体量的多少。

ELISA 可分为双抗体夹心法、间接法、竞争抑制法、应用亲和
素和生物素的 ELISA 等，其中间接法用于测定抗体，双抗体夹心法
主要用于测定大分子抗原；竞争抑制法主要用于测定小分子抗原。在
植物病害检测上，双抗体夹心法应用最广。

ELISA 关键步骤包含：①包被，即将特异性抗体与固相载体连
接，形成固相抗体，可在 37℃中包被 2h，也可以置于 4～8℃条件下
过夜；②加样，加入受检样本，使之与固相抗体接触反应一段时间，
让标本中的抗原与固相载体上的抗体结合，形成固相抗原复合物；
③封闭，由于抗原或抗体包被时所用的浓度较低，吸收后固相载体表
面尚有空隙，通过加入大量不相关的蛋白质填充空隙，从而排斥后续
操作步骤中干扰物质的吸附；④加入酶标抗体，使固相抗原复合物上
的抗原与酶标抗体结合；⑤显色，洗涤未结合的酶标抗体后，加入底
物，夹心式复合物中的酶催化底物成为有色产物，因而可根据颜色反
应的程度进行该抗原的定性或定量检测。

在 ELISA 操作过程中，洗涤起着重要作用。包括洗涤非特异性
吸附于固相载体的干扰物质以及没有吸附在固相载体上的特异性抗
体；清除残留在板孔中没有与固相抗原或抗体结合的物质；洗涤没有

结合的酶标抗体，以保证加入底物后可根据颜色反应的程度进行该抗原的定性或定量检测。固相载体上带有的酶量与标本中受检物质的量正相关。

以瓜类重要的种传病毒黄瓜绿斑驳花叶病毒（Cucumber Green Mottle Mosaic Virus，CGMMV）为例，可通过 ELISA 对瓜类种苗是否携带 CGMMV 进行检测，具体操作如下。

①样品：待检样品为瓜类种苗；对照样品分别为健康植株和带 CGMMV 的阳性样品。②检测试剂盒：Agdia 或同类产品。③包被抗体：特异性的黄瓜绿斑驳花叶病毒抗体；酶标抗体：碱性磷酸酯酶标记的黄瓜绿斑驳花叶病毒抗体；底物：对硝基苯磷酸二钠（PNP）。④药品及耗材：PBST，亚硫酸钠，PVP（MW24 000～40 000），叠氮化钠，Na_2CO_3，$NaHCO_3$，$NaCl$，Na_2HPO_4，KH_2PO_4，KCl，吐温 20，BSA（ELISA grade），$MgCl_2$，二乙醇胺，96 孔酶标板。

具体检测步骤如下。

a）用包被缓冲液按 1∶200 稀释 CGMMV 的包被抗体（如 $8\mu L$ 抗体加入 1.6mL 包被缓冲液）；

b）在酶标板反应孔中加入 $100\mu L$ 包被溶液；

c）将酶标板盖上盖子或放入保湿盒中进行反应；4℃条件进行过夜培养或者 28°条件下培养 2h；

d）将供试样品装入灭菌样品袋，加入 5mL 提取缓冲液，磨碎后静置 5min；

e）弃去酶标板反应孔中的包被溶液，用 PBST 洗涤液洗涤 5 次，将酶标板倒扣于吸水纸上控干；

f）清洗后立即移取 $100\mu L$ 的种子提取液到反应孔中，每个小样设置 2 个重复；

g）加入阳性和阴性对照，使用至少两个梯度的阳性对照，一个"低"稀释作为检出高限，一个"高"稀释作为检出低限（1∶25 稀释），检出低限要高于检测阈值；阴性对照必须为健康植物提取物；

h）将酶标板盖上盖子或放入保湿盒中进行反应，4℃条件进行过夜培养或者 28°条件下培养 2h；

　　i）用结合缓冲液按比例稀释 CGMMV 酶标抗体；

　　j）弃去酶标板中的种子提取液，用 PBST 缓冲液洗涤 8 次，将酶标板盖上盖子或放入保湿盒中；

　　k）立即加入 100μL 稀释的酶标抗体，(37 ± 2)℃条件放置 3h；

　　l）准备底物溶液（10mgPNP 溶于 20mL 底物缓冲液）；

　　m）弃去酶标板中的酶标抗体，用 PBST 缓冲液洗涤 8 次，将酶标板倒扣于吸水纸上控干；

　　n）在每个反应孔里加入 100μL 底物溶液；

　　o）在 25℃的培养箱中黑暗培养 2h。

读取结果分析如下：

利用 ELISA plate reader 检测酶标板各反应孔在 A_{405} 处的消光值。ELISA 反应完成后一些样品可出现肉眼可见的黄色，如彩图 4 - 16a 所示；而一些样品反应较弱，肉眼难以区分，因而需要进一步通过分光光度计测量 A_{405} 的吸光值进行判断；如果样品的 OD 值大于阴性对照（3G、3H）的 2 倍，则判断为阳性，反之则为阴性，如彩图 4 - 16b 所示。

（2）免疫胶体金试纸条。免疫层析技术是一类以纳米级标记物探针作为示踪和标记物的检测技术。具有操作简易、反应迅速和耗时较短等特点。其中，免疫胶体金试纸条以胶体金为显色媒介、利用免疫学中抗原抗体能够特异性结合原理，在层析过程中完成这一反应，从而达到检测的目的。由于适用于现场检测而被广泛应用到植物病害的检测上。

免疫胶体金试纸条涉及三大技术。①免疫学技术：抗原抗体识别系统和受体识别系统；②层析载体技术：NC 膜、吸水纸、样品垫、金垫；③胶体金技术：为诊断提供肉眼可见的显色媒介。胶体金是一群以胶体状态，粒径在微米级以下的悬浮于水溶液中的金颗粒，碱性环境中胶体金颗粒与表面带正电的抗原/抗体结合，形成胶体金-蛋白免疫复合物；该复合物不仅稳定，而且保持了生物活性，可以在免疫层析中参与反应，形成肉眼可辨的颜色。

传统的免疫层析试纸条主要由样品垫、金标垫、硝酸纤维素膜、吸水垫以及聚氯乙烯（Polyvinylchloride，PVC）衬板五部分组成（图4-2a）。其中，硝酸纤维素膜上包被两条线，检测线（Test Line，T线）和质控线（Control Line，C线）。

如利用双抗体夹心法检测植物细菌或病毒等病原物时，可以把样品溶液滴加到样品垫，样品通过毛细管虹吸作用到达与胶体结合垫处，并与金标抗体结合形成待检抗原—金标抗体复合物；随着免疫层析的继续进行，该复合物会和T线处的捕获抗体结合，形成捕获抗体—待检抗原—金标抗体复合物的夹心结构。未结合的金标抗体和待检抗原—金标抗体复合物会和C线处的羊抗鼠IgG结合。在双抗体夹心法中T线处的信号颜色会随着待检物的增多而增强。

通常加样2～5min后可进行结果判读：C线和T线同时显色，代表样品为阳性；C线显色、T线不显色，代表样品为阴性；当C线不显色，T线显色或者C线和T线均不显色则代表试纸条失效。

番茄斑萎病毒（Tomato Spotted Wilt Virus，TSWV）是茄果类蔬菜比较常见的种传病害，可危害辣椒和番茄。病毒侵染后可引起植株矮化，幼叶变为铜色上卷，后形成许多小黑斑，叶背面叶脉呈紫色，有的生长点坏死。可以将种苗上表现症状的样品放入样品提取袋中，破碎研磨后将试纸条放入研磨液中静置5min左右，即可观察检测结果。当C线和T线同时显示紫红色，可判断检测结果为阳性；C线显色、T线不显色，代表样品为阴性（图4-2b）。

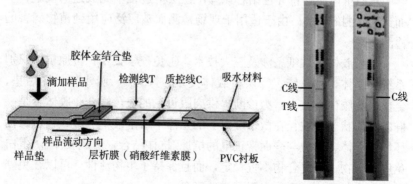

图4-2　试纸条内部结构图（a）和检测结果（b）

三、分子检测技术

（1）PCR 技术。聚合酶链反应（Polymerase Chain Reaction，PCR）模拟 DNA 天然复制过程，是一种在体外特异性扩增 DNA 的技术。该技术是基因扩增技术的一次重大改革，也是分子生物学发展史中的一个重要里程碑。

该技术由 3 个基本反应步骤构成。①变性：模板 DNA 经加热至 95℃左右，模板 DNA 双链或经 PCR 扩增形成的双链 DNA 解离，成为单链，便于与引物结合；②复性：在温度降至 50℃左右时，经加热变性成单链模板 DNA 与引物结合；③延伸：模板-引物结合物在 TaqDNA 聚合酶的作用下，以 dNTP 为原料，靶序列为模板，按碱基配对原则进行半保留复制。合成的新模板 DNA 会作为模板进入下一轮变性-复性-延伸的循环过程，经过多次循环扩增获得大量 DNA 产物。

随着技术的研究和进步，逐渐演化出一系列分子检测技术：反转录 PCR 技术（Reverse Transcription PCR，RT-PCR）、实时荧光定量 PCR 技术（Real-time Fluorescent Quantitative PCR，qPCR）、数字 PCR 技术（Digital PCR，dPCR）、RPA 技术等。

PCR 技术可广泛应用于细菌、真菌和 DNA 病毒的检测，以瓜类果斑病菌为例，该技术的具体检测步骤如下（参考来源《GB/T 36822—2018 瓜类果斑病菌检疫鉴定方法》）。

①DNA 提取（EasyPure Bacteria Genomic DNA Kit）。

a）取过夜培养的细菌 1mL，离心力 12 000×g 下离心 1min，弃去上清；

b）向菌体中加入 RB11 200μL（含有 4mg 溶菌酶）进行重悬，37℃震荡培养，时间不低于 60min（注意：当菌量较多时延长孵育至 3h），在离心力 10 000×g 下离心 1min，弃上清；

c）加入 100μL LB11 和 20μL Proteinase K，震荡至菌体彻底悬浮；

d）55℃水浴孵育 15min；

e）加入 20μL RNase A，混匀静置 2min；

f) 加入 400μL BB11（使用前要先检查是否已加入无水乙醇），涡旋 30s；

g) 将全部的溶液加入离心柱中，在离心力 12 000×g 下离心 30s，弃流出液；

h) 加入 500μL CB11，在离心力 12000×g 下离心 30s，弃流出液；

i) 重复上一步骤 1 次；

j) 加入 500μL WB11（使用前请先检查是否已加入无水乙醇），在离心力 12 000×g 下离心 30s，弃流出液；

k) 重复上一步骤 1 次；

l) 在离心力 12 000×g 下离心 2min，彻底除去残留的 WB11；

m) 将离心柱置于一干净的离心管中，在柱中央加入 30μL 去离子水，室温静置 2min，在离心力 12 000×g 下离心 1min，洗脱 DNA；

n) 洗脱的 DNA 于 −20℃ 条件保存。

②**PCR 反应体系**。如表 4-1 和表 4-2 所示，可依据不同酶的反应条件进行调整。

表 4-1　PCR 反应体系

试剂	体积（μL）
Master Mix	12.5
正/反向引物（10μmol/L）	1
模板	1
H₂O 补足总体积	25

表 4-2　PCR 反应引物

引物名称	引物序列	目的片段（bp）
SEQUD4	GTCATTACTGAATTTCAACA	246
SEQUD5	CCTCCAACCAATACGCT	

③**PCR 反应条件**。如表 4-3 所示，可依据不同酶的反应条件进行调整。

表 4-3　PCR 反应条件

温度	时间	步骤
94℃	2min	
94℃	30s	
50~60℃	30s	30 个循环
72℃	30s	
72℃	10min	
16℃	1h	

④琼脂糖凝胶电泳。对 PCR 扩增产物进行琼脂糖凝胶电泳试验。吸取 5μL 的 DNA ladder 以及 PCR 扩增产物加入样品孔中。琼脂糖凝胶浓度 1.5%，琼脂糖溶于 1×TAE 中，电压 90V，跑胶时间 30~40min。

⑤结果。根据 DNA Marker 和阳性对照对比选择条带，判断检测结果。如果待测样品泳道在阳性对照同一位置出现条带，则为阳性；未出现条带或在其他位置出现条带，则不能判断为阳性，如图 4-3 第 2、3 泳道。

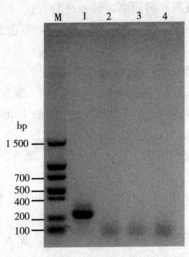

图 4-3　PCR 产物电泳检测结果

M：DNA Marker　1：阳性对照　2、3：待测样品　4：阴性对照

（2）RT-PCR 技术。 RT-PCR 技术是将 RNA 的反转录（RT）和 cDNA 的聚合酶链式扩增（PCR）相结合的技术。首先经反转录酶的作用，从 RNA 合成 cDNA，再以 cDNA 为模板，在 DNA 聚合酶作用下扩增合成目的片段。RT-PCR 技术灵敏而且用途广泛，其模板可以是总 RNA、mRNA 或体外转录的 RNA 产物；反转录的引物可以是随机引物、Oligo dT 或基因特异性引物。

其中，一步法 RT-PCR 技术是一步反应完成整个 RT-PCR 反应，即 RNA-cDNA-qPCR 反应操作在同一反应体系中进行，反应过程中不需增加额外的步骤，就可完成整个 RT-PCR 反应，具有方便、简捷、避免污染、重复性好的特点，因而被广泛应用于植物病毒的检测和诊断中。

由于大多数植物病毒为 RNA 病毒，因此 RT-PCR 常用于植物 RNA 病毒的检测。以种传病毒辣椒轻斑驳病毒为例，利用 RT-PCR 方法的具体检测步骤如下（参考来源：《GB/T 36780—2018 辣椒轻斑驳病毒检疫鉴定方法》）。

①RNA 提取（以 Trizol 方法为例）。

a）组织块直接放入研钵中，加入少量液氮，迅速研磨，待组织变软，再加少量液氮，再研磨，转入离心管；

b）每 50～100mg 组织加 1mL Trizol，室温放置 5min，使其充分裂解；

c）12 000r/min 离心 5min，弃沉淀；

d）每 200μL 氯仿对应 1mL Trizol，加入氯仿，振荡混匀后室温放置 15min，4℃，离心力 12 000×g 下离心 15min；

e）吸取上层水相，至另一离心管中；

f）每 0.5mL 异丙醇对应 1mL Trizol，加入异丙醇混匀，室温放置 5～10min；

g）4℃，离心力 12 000×g 下离心 10min，弃上清，RNA 沉于管底；

h）每 1mL 75％乙醇对应 1mL Trizol，加入 75％乙醇，温和振荡离心管，悬浮沉淀；

i）4℃，离心力 8 000×g 下离心 5min，尽量弃上清；

j）室温晾干或真空干燥 5～10min。

②**一步法 RT-PCR 反应体系**。以一步法 RT-PCR 为例。如表 4-4 和表 4-5 所示，可依据不同酶的反应条件进行调整。

表 4-4 RT-PCR 反应体系

反应成分	体积（μL）
2×One Step Mix（Dye Plus）	12.5
One Step Enzyme Mix	1
正/反向引物（10μmol/L）	1
模板	1
H_2O 补足	25

表 4-5 RT-PCR 反应引物

引物名称	引物序列	目的片段（bp）
PMMoV-F	AGAACTCGGAGTCATCGGAC	576
PMMoV-R	GAGTTATCGTACTCGCCACG	

③**一步法 RT-PCR 反应条件**。以一步法 RT-PCR 为例，如表 4-6 所示，可依据不同酶的反应条件进行调整。

表 4-6 RT-PCR 反应条件

温度	时间	步骤
55℃	30min	
94℃	3min	
94℃	30s	
50～60℃	30s	30 个循环
72℃	30s	
72℃	10min	
16℃	1h	

④**琼脂糖凝胶电泳**。对 PCR 扩增产物进行琼脂糖凝胶电泳试验。吸取 5μL 的 DNA ladder 以及 PCR 扩增产物加入样品孔中。琼脂糖凝胶浓度 1.5%，琼脂糖溶于 1×TAE 中，电压 90V，跑胶时间 30～40min。

⑤结果。根据 DNA Marker 和阳性对照对比选择条带，判断检测结果。如果待测样品泳道在阳性对照同一位置出现条带，则为阳性，如图 4-4 第 2 泳道；未出现条带或在其他位置出现条带，则不能判断为阳性，如图 4-4 第 3、4 泳道。

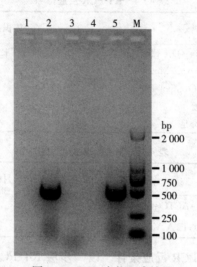

图 4-4　PCR 产物电泳结果

M：DNA Marker　1：阴性对照　2、3、4：待测样品　5：阳性对照

（3）qPCR 技术。 qPCR 技术是在反应体系中加入荧光基团，利用荧光信号累积实时监测整个 PCR 进程，最后通过标准曲线对未知模板进行定量分析的方法。该技术实现了 PCR 从定性到定量的飞跃，它以特异性强、灵敏度高、重复好、定量准确、速度快、全封闭反应等优点，成为植物病害检测的重要技术。

qPCR 对整个 PCR 反应扩增过程进行实时监测和连续分析扩增相关的荧光信号，并将监测到的荧光信号的变化绘制成一条曲线。整个 PCR 反应可分为反应早期、指数增长期、线性增长期和平台期（图 4-5）。基线（空白）信号的产生是反应早期背景引起；指数期需要借助一定荧光信号的域值来判定。默认阈值是基线（背景）信号标准偏差的 10 倍。如果检测到荧光信号超过域值则被认为是真正的信号，它可用于定义样本的域值循环数（Ct 值），即每个反应管内的荧光信号达到设定的域值时所经历的循环数。通常 Ct 值与该模板的起始拷贝数的对数存在线性关系，起始拷贝数越多，Ct 值越小，理想条件下浓度增加 1 倍，Ct 值减少 1，浓度增加 10 倍，Ct 值减小 3.32。

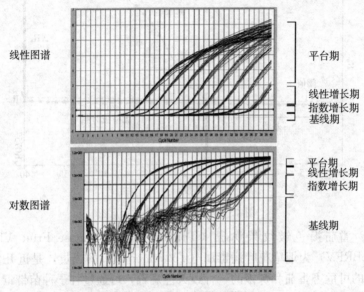

图 4-5　qPCR 扩增图谱

利用已知起始拷贝数的标准品可做出标准曲线，获得标准曲线（$Ct=-k\lg X_0+b$，其中）；通过获得未知样品的 Ct 值，即可通过标准曲线计算出该样品的起始拷贝数。

qPCR 中，常用的是染料法和荧光探针法。常见的染料如 SYBR Green I，是与双链 DNA 结合发光的荧光染料，其与双链 DNA 结合后，荧光大大增强。因此，SYBR Green I 的荧光信号强度与双链 DNA 的数量呈正相关。该方法的缺点是特异性不强，不能识别特定的双链，只要是双链的 DNA 就能与染料结合发光。荧光探针法常用的是 TaqMan 或 TaqMan-MGB。

TaqMan 探针是一种寡核苷酸探针，5'末端连接发光基团，3'末端连接淬灭基团，不能发出荧光。而在 PCR 反应过程，由于聚合酶外切酶活性，将探针切断使得发光基团和淬灭基团分离并发出荧光。因而，随着扩增反应进行，1 分子的产物生成就会伴随 1 分子荧光信号的产生，并随着循环数的增加，荧光基团不断积累（图4-6）。

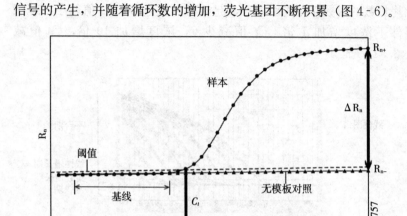

图4-6 qPCR扩增结果示意图

番茄褐色皱纹果病毒（Tomato Brown Rugose Fruit Virus，ToBRFV）为烟草花叶病毒属（*Tobamovirus*）的成员，是近几年发生的可危害番茄和辣椒的一种毁灭性病毒，可通过种子种苗带毒。利用qPCR技术检测ToBRFV的具体反应步骤如下。

①**植物RNA提取。**可参考RT-PCR方法中的核酸提取方法。

②**qPCR反应体系配置。**以一步法RT-qPCR为例，如表4-7和表4-8所示，可依据不同酶的反应条件进行调整。

表4-7 qPCR反应体系

反应成分	用量
2×One Step U+Mix	$10\mu L$
One Step U+Enzyme Mix	$1\mu L$
50×ROX Reference Dye 1	$0.4\mu L$
正向引物（$10\mu mol/L$）	$0.4\mu L$
反向引物（$10\mu mol/L$）	$0.4\mu L$
TaqMan探针（$10\mu mol/L$）	$0.4\mu L$

（续）

反应成分	用量
模板 RNA	1pg 至 1μg
RNase-free ddH$_2$O 补足	20μL

表 4 - 8　qPCR 反应引物

引物/探针	序列（5'—>3'）（Fam 荧光）	参考文献
CSP1325-Fw	CATTTGAAAGTGCATCCGGTTTT	
CSP1325-Pr	FAM-ATGGTCCTCTGCACCTGCATCTTGAGA -BHQ1	ISHI-Veg，2019
CSP1325-RV	GTACCACGTGTGTTTGCAGACA	

③**反应程序。**以一步法 RT-qPCR 为例，如表 4 - 9 所示，可依据不同酶的反应条件进行调整。

表 4 - 9　qPCR 反应条件

步骤	温度	时间
cDNA 合成	55℃	15min
预变性	95℃	30s
PCR 循环（40 个循环）	95℃	10s
	60℃	30s
收集信号		

④**结果判定。**在空白对照及阴性对照无明显扩增曲线且无 Ct 值大于 35，阳性对照 Ct 值小于 30 并出现典型扩增曲线的条件下进行结果判定。

a）待测样品用以上 3 组引物和探针的任意扩增，Ct 值小于 30 且又有明显扩增曲线时，判定 ToBRFV 阳性。

b）待测样品的 Ct 值≤30 时，判定 ToBRFV 阳性。

c）待测样品用以上 3 组引物和探针的任意扩增，Ct 值大于 30 但小于 32 时，应重新进行测试；如果重新测试的 Ct 值≥40 时，判定 ToBRFV 阴性；如果重新测试的 Ct 值小于 35 且大于 30，且分离曲线明显，重复之间结果相近时，则判定结果为阳性，如图 4 - 7 所示。

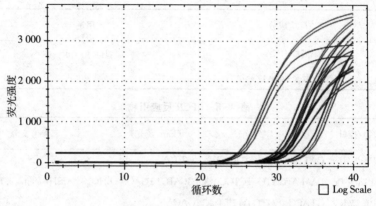

图 4-7　荧光扩增结果图

(4) RPA 技术。PCR 技术已被广泛地应用于生物领域的研究以及病原微生物的诊断，然而昂贵的仪器设备以及烦琐的操作步骤又限制了 PCR 技术在快速检测方面的应用。重组酶聚合酶等温扩增技术（Recombinase Ploymerase Amplification，RPA）是一种新型的恒温核酸体外扩增技术，可在常温下对目标片段进行扩增，因而不需要较复杂材料或仪器，适合于现场快速检测，并具有快速、高效、灵敏的特性。基于该技术发展而来的逆转录重组酶聚合酶扩增技术（RT-RPA）以及实时荧光定量 RPA（Real-time RPA）技术等也越来越成熟，已被广泛应用于农业、医学以及食品等多个领域。

RPA 涉及 3 种重要的核心酶：重组酶 UvsX 和重组酶辅助因UvsY（辅助蛋白）、单链结合蛋白（Single-stranded DNA-binding protein，SSB）Gp32、链置换 DNA 聚合酶 Bsu（Bacillus subtilis Pol）或 Sau（Staphylococcus aureus Pol）。在 RPA 反应过程中：①重组酶 UvsX 首先与引物形成寡核苷酸蛋白复合体，并寻找与引物序列互补的双链 DNA，完成引物与同源序列的链置换反应形成 D-Loop 结构；②单链结合蛋白与被引物置换的母链结合，稳定其结构，防止置换的单链被替换，使模板双链呈打开状态；③寡核苷酸复合体主动水解反应体系中的 ATP，使复合物构象改变，重组酶 UvsX 与引物解离，引物 3′端暴露后迅速被链置换 DNA 聚合酶 Bsu 识别，启动链的延伸，形成新的互补链。在链置换 DNA 聚合酶 Bsu 的作用下，形成新的 DNA 互补链；新合成的单链与原始互补链配对，以上步骤循环进行，实现 DNA 的指数增长。

与 PCR 类似，RPA 的反应体系中除核心酶外，还要加入引物与模板，另外还需 Mg²⁺。目前 TwistDx 公司的 TwistAmp® 以及美国公司 Agdia 的 AmplifyRP® 系列产品可提供 RPA 反应相关试剂盒，研究人员只需要设计与筛选 RPA 引物以及完成结果可视化即可。其中，RPA 引物设计有其自身特殊性。引物长度一般在 30~35nt，过短的引物会降低反应的重组率，过长的引物则易产生二级结构以及潜在的引物假象；且在 5′端不应有长链鸟嘌呤，GC 含量应在 30%~70%。RPA 扩增产物长度应大于 70bp 且小于 500bp，最好控制在 100~200bp。

莴苣花叶病毒（Lettuce Mosic Virus，LMV）是莴苣上常见的病毒，可通过种子进行传播。向均等建立了基于 LMV-CP 基因的 RT-RPA 检测方法（向均等，2018）。具体操作如下（以 TwistAmp Basic RT Kits 试剂盒为例）。

①**反应体系。** 如表 4-10 和表 4-11 所示。

表 4-10 RPA 反应体系

反应成分	体积（μL）
反应缓冲液	29.5
上游引物（20μmol/L）	1
下游引物（20μmol/L）	1
醋酸镁（280mmol/L）	2.5
模板	2
DEPC-H₂O 补足至	50

表 4-11 RPA 反应引物

引物名称	引物序列	目的片段（bp）
LMV-RPA24F	CATCAACGCAGGGCTACATGGTAAACACA	272
LMV-RPA24R	TCCCGTTTTCTATACACCAAACCATCAATC	

②**反应程序与结果判读。**

a）置于 40℃ 金属浴中反应 40min；

b）反应结束后向扩增产物中加入 50μL 苯酚/氯仿（1∶1）溶

液，充分混匀；

c）12 000r/min 离心 2min，取 5μL 上清液进行琼脂糖凝胶电泳，可参考 PCR 和 RT-PCR 的电泳操作步骤；

d）根据 DNA Marker 和阳性对照对比选择条带，判断检测结果，如果待测样品泳道在阳性对照同一位置出现条带，则为阳性，如图 4‐8 第 2、3、4 泳道；如未出现条带或在其他位置出现条带，则不能判断为阳性，如图 4‐8 第 5、6 泳道。

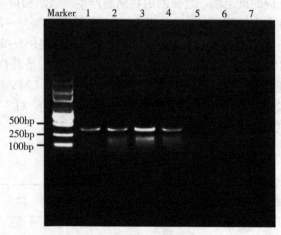

图 4‐8　RPA 电泳结果图

M：DNA Marker　1：阳性对照　2～6：待测样品　7：阴性对照

图书在版编目（CIP）数据

蔬菜种苗质量识别评价一本通 / 赵立群等编著 . —
北京：中国农业出版社，2023.5
ISBN 978-7-109-30699-8

Ⅰ．①蔬⋯　Ⅱ．①赵⋯　Ⅲ．①蔬菜－育苗－质量管理
Ⅳ．①S630.4

中国国家版本馆 CIP 数据核字（2023）第 087937 号

中国农业出版社出版

地址：北京市朝阳区麦子店街 18 号楼
邮编：100125
责任编辑：李　瑜　黄　宇
版式设计：杨　婧　责任校对：吴丽婷
印刷：中农印务有限公司
版次：2023 年 5 月第 1 版
印次：2023 年 5 月北京第 1 次印刷
发行：新华书店北京发行所
开本：880mm×1230mm　1/32
印张：3.75　插页：4
字数：112 千字
定价：28.00 元

版权所有·侵权必究

凡购买本社图书，如有印装质量问题，我社负责调换。
服务电话：010-59195115　010-59194918

彩图 1-1　番茄幼苗形态

彩图 1-2　辣椒幼苗形态

彩图 1-3　茄子幼苗形态

彩图 1-4　黄瓜幼苗形态

彩图 1-5　西瓜幼苗形态

彩图 1-6　甜瓜幼苗形态

彩图1-7　冬瓜幼苗形态

彩图1-8　中国南瓜幼苗形态

彩图1-9　西葫芦幼苗形态

彩图 1-10　叶用莴苣（生菜）幼苗形态

彩图 1-11　芹菜幼苗形态

彩图 1-12　甘蓝幼苗形态

彩图 1-13　花椰菜（菜花）幼苗形态

彩图 1-14　青花菜（西兰花）幼苗形态

彩图 3-1　番茄苗（左）和黄瓜苗（右）叶片扫描图

彩图 3-2　番茄苗（左）和黄瓜苗（右）根部扫描图

彩图 4-1　辣椒炭疽病田间症状

彩图 4-2　番茄早疫病症状　　彩图 4-3　番茄溃疡病症状

彩图 4-4　番茄疮痂病症状　彩图 4-5　番茄黄化曲叶病毒病症状

彩图 4-6　番茄褪绿病　　彩图 4-7a　茄子叶片感染番茄　彩图 4-7b　番茄斑萎病
　　　　毒病症状　　　　　　斑萎病毒病症状　　　　　　毒病症状

彩图 4-8　甜瓜蔓枯病症状　　彩图 4-9　西瓜枯萎病症状

彩图 4-10a　甜瓜幼苗感染果斑病症状　彩图 4-10b　西瓜嫁接苗感染果斑病症状

彩图 4-11　黄瓜细菌性角斑病症状　　彩图 4-12　西瓜幼苗感染黄瓜绿
斑驳花叶病毒病症状

彩图 4-13　白菜黑斑病症状　　　　彩图 4-14　白菜细菌性黑腐病症状

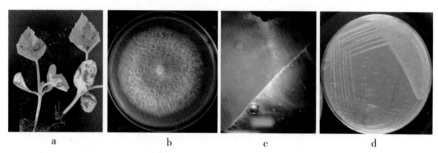

　　a　　　　　　　b　　　　　　　c　　　　　　　d

彩图 4-15　种苗健康检测实例

a. 发病甜瓜幼苗　b. 瓜类枯萎病菌 PDA 培养基分离菌落形态　c. 显微镜下观察植物病健交接处细菌菌脓溢出　d. 细菌性角斑病菌 LB 培养基分离菌落形态

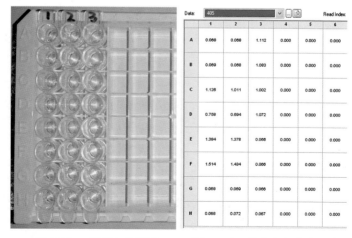

Data:	405					Read Index:
	1	2	3	4	5	6
A	0.068	0.068	1.112	0.000	0.000	0.000
B	0.069	0.068	1.083	0.000	0.000	0.000
C	1.126	1.011	1.002	0.000	0.000	0.000
D	0.758	0.694	1.072	0.000	0.000	0.000
E	1.384	1.378	0.068	0.000	0.000	0.000
F	1.514	1.434	0.066	0.000	0.000	0.000
G	0.068	0.069	0.066	0.000	0.000	0.000
H	0.068	0.072	0.067	0.000	0.000	0.000

图 4-16a　ELISA 结果图　　　　图 4-16b　分光光度计读取值